湖南师范大学出版基金资助

近代物理
实验教程

羊 亿 彭跃华 主编

U0295201

上海交通大学出版社
SHANGHAI JIAO TONG UNIVERSITY PRESS

内容提要

本教程依据近代物理实验教学大纲的规划,对实验室所开设的近代物理实验项目做了相应的调整与组合,在综合性、设计性、研究性方面有所侧重,一改以往的实验教学中由教师言传身教的模式,而采取以学生为主导的模式。所有实验环节全部由学生负责,在实验过程中出现的问题尽量由学生自己分析解决,以激发学生动手参与实验研究的兴趣,并锻炼学生的动手能力。

本教程可供高等学校物理专业本科生和研究生使用。

图书在版编目(CIP)数据

近代物理实验教程 / 羊亿,彭跃华主编. —上海:
上海交通大学出版社,2017(2024 重印)
ISBN 978 - 7 - 313 - 16134 - 5

Ⅰ. ①近… Ⅱ. ①羊… ②彭… Ⅲ. ①物理学—实验
—高等学校—教材 Ⅳ. ①O41 - 33

中国版本图书馆 CIP 数据核字(2016)第 268158 号

近代物理实验教程

主 编:羊 亿 彭跃华			
出版发行:上海交通大学出版社		地 址:上海市番禺路 951 号
邮政编码:200030		电 话:021 - 64071208
印 制:上海新华印刷有限公司		经 销:全国新华书店
开 本:710 mm×1000 mm 1/16		印 张:14.75
字 数:216 千字		
版 次:2017 年 2 月第 1 版		印 次:2024 年 7 月第 5 次印刷
书 号:ISBN 978 - 7 - 313 - 16134 - 5		
定 价:48.00 元		

前　　言

近代物理实验作为物理专业本科生必修、研究生选修的专业课程,一方面介绍一些对物理学各领域发展起举足轻重作用的著名经典实验,另一方面介绍各种新技术及其在各学科领域中的应用。因此本书内容涉及物理、材料、化学、生物、电子及计算机技术等学科,具有很强的知识性、技术性和综合性,可以丰富和活跃学生的物理思想,培养学生敏锐的观察、分析、归纳和综合能力。

根据学科发展和现代科技对人才素养的要求,近代物理实验一方面需要丰富和拓展实验内容;另一方面需要不断探索实验教学的改革创新,结合实验教师科研课题有目的地开设一些开放型、研究型实验,培养学生创新意识和综合素质,使他们具备良好的科研素养、严谨的科学作风、求实的科学精神,并具备一定的独立工作与科学研究能力。

本教程依据近代物理实验教学大纲的规划,在参考吸收其他院校经验的基础上,对实验室所开设的近代物理实验项目作了相应的调整与组合,在综合性、设计性、研究性方面有所侧重,一改以往的实验教学中由教师言传身教的模式,采取以学生为主导的模式,学生根据教程上该实验项目列出的参考文献与实验指导先行查阅文献资料与实验指导,做到对该实验有一定的了解;在实验开始之前由指导老师与学生共同探讨预习中出现的问题,由学生给出实验方案,实验室提供相应的实验设备与设备使用说明书。所有实验环节全部由学生负责,在实验过程中出现的问题尽量由学生自己分析解决,包括部分设备故障的排除与维修、方案的修正、对实验原理的验证以及相应问题的提出。

近代物理实验课程中综合性、设计性、研究性实验的提出,极大地激发了学生动手参与实验研究的兴趣,也锻炼了学生的动手能力。本教程共改编了17个实验项目,在近几年的教学实践中,反映良好。

本教程中实验一、实验六、实验七、实验九、实验十、实验十一与实验十七由羊亿编写,实验二、实验三、实验四、实验五、实验八、实验十二、实验十三、实验十四、实验十五、实验十六由彭跃华编写。

本教程在编写过程中,参考了诸多院校所编的实验教材及仪器生产厂家的说明书,在此深表谢意。本教程的出版得到了湖南师范大学出版基金及湖南省基础课示范实验室建设经费的资助,在此一并表示感谢!

由于编者水平有限,书中存在的缺点与错误,敬请读者批评指正。

目　　录

实验一

电荷耦合器件的基本
工作原理及其应用

一、实验课题意义及要求

电荷耦合器件(CCD)线阵光电传感器具有灵敏度高、性能稳定、抗干扰能力强、便于计算机处理等特点,在工业生产中广泛应用于各类产品的尺寸检测控制,如管线、轧制材料、光/电缆、机械零件等。

了解 CCD 的基本工作原理;掌握 CCD 的应用之一:实时在线、非接触高精度测量方法应用之二:单缝衍射光谱图形与光强分布的分析;了解利用计算机采集 CCD 数据的方法,并利用分析软件对所获的数据进行分析处理。

二、参考文献

[1] 张晓华,张认成,等.CCD 的应用现状及其发展前景[J].仪器仪表用户,2005,12(5):7-9.

[2] 范子坤.CCD 图像传感器及其最新进展[J].系统工程与电子技术,1989(11):34-38.

[3] 武利翻.CCD 制造的关键工艺[J].光电技术应用,2005,20(1):38-42.

[4] 薛实福.薄膜厚度测量系统[J].电子工业专用设备,1994,23(1):29-33.

[5] 青莉,高晓蓉.线阵 CCD 摄像技术在接触导线磨损检测中的应用[J].机车车辆工艺,2005(4):30-32.

[6] 刘晓昌.线阵 CCD 高精度检测技术[J].仪表技术与传感器,

1993(3)：6 - 8.

[7] 钱思明. 动态线材直径 CCD 测量仪[J]. 仪表技术与传感器，1995(3)：17 - 18.

三、提供的仪器与材料

DM99CCD 测径实验仪，LM99PC 型 CCD 微机多道光强分布测量系统，计算机，螺旋测微计，标准物，待测物。

四、开题报告及预习

1. 什么是电荷耦合器件，在日常生活中有没有该类产品的存在？

2. 势阱产生的过程。

3. 结合日常使用相关产品的经验理解电子溢出的过程。

4. 线阵或面阵 CCD 中电荷究竟如何转移。

5. 什么是一次定标、二次定标与分段二次定标？

6. 如何获得精确的物体边界，包括幅度切割法、像元细分以及梯度法。

7. 考虑光强能否影响物体边界的提取，为什么？

8. 考虑影响单缝衍射图样对称性的因素，以及如何观察和利用不对称的衍射图样去调整光路。

五、实验课题内容及要求

1. 熟悉掌握 CCD 的基本工作原理。

2. 用 DM99 型 CCD 测径实验仪准确测量多个物体的直径。

（1）正确连线，仔细调节仪器，熟悉 CCDDIA 软件操作，使在软件主界面有待测物体直径的下凹区域。

（2）以二次定标法（任选幅度切割法或梯度法）对两个直径为 L_1 和 L_2 的标准物定标，求出 K 值和 b 值（系统误差），然后测量待测物直径 L_x，测 5 次求平均值。

（3）采用分段二次定标法，求出各段（0.8～1.2，1.2～1.5，1.5～2.0 mm)的 K 和 b，然后测量待测物直径 L_x，测 5 次求平均值。作出误差分布曲线,观察多种平滑处理方式对测量显示值的影响。

(4) 在幅度切割法边界提取方式时,平行光光强 I 变化对测量结果有一定的影响。光强可用 A/D 变换后某个 CCD 像元的幅值表示,单位为 V。要求改变光强 I,在不同光强下测量直径 L,给出 I-L 关系曲线。

3. 用 LM99PC 型 CCD 多道光强分布测量系统测量单缝夫琅禾费衍射。

(1) 正确连线,调整光路,尽可能将激光器、减光器、缝、CCD 光强仪调整为等高共轴,并尽可能满足夫琅禾费衍射条件,熟悉 CCDWIN5.0 版软件操作。

(2) 测量 0 级、±1 级和±2 级衍射亮纹和暗纹的 X(ch)值、Y(A/D)值(在局部视窗中)以及光栅片到 CCD 光敏元面的水平距离。

六、实验结题报告及论文

1. 报告实验课题研究目的。

2. 介绍实验基本原理和实验方法。

3. 介绍实验所用仪器装置及其操作步骤。

4. 对实验数据按照课题内容与要求进行处理和计算。

(1) 计算二次定标和分段二次定标法所得的 K,b 值以及待测物体直径 L_x。

(2) 作出光强 I 与所测直径 L 的关系曲线。

(3) 在单缝衍射中,计算 0 级和±1 级衍射亮纹和暗纹的衍射角 θ 以及相对光强 I/I_0,并与理论值比较,计算并分析误差。

5. 报告通过本实验所得收获并提出自己的意见。

实 验 指 导

一、实验原理

1. 电荷耦合器件的基本原理

电荷耦合器件(charge coupled device,CCD)主要功能是把光学图像转换为电信号。了解其基本原理主要是了解信号电荷的产生、存储、传输与检测。CCD 有两种基本类型,一是电荷包存储在半导体与绝缘层之间的界面并沿界面传输,这类器件称为表面沟道 CCD,简称 SCCD;二是电荷包存储在离半导体表面一定深度的体内,并在半导体体内沿一定方向传输,这类器件称为体沟道或埋沟道器件,简称 BCCD。

下面以 SCCD 为例来说明 CCD 工作原理。

1) 电荷存储

对于 SCCD,构成 CCD 的基本单元是 MOS(金属—氧化物—半导体)结构,如图 1(a)所示,在栅极施加正偏压 U_G 之前 p 型半导体中空穴(多数载流子)的分布是均匀的,当栅极施加正偏压 U_G(此时 U_G 小于 p 型半导体的阈值电压 U_{th})后,空穴被排斥,产生耗尽区。如图 1(b)所示,偏压继续增加,耗尽区将进一步向半导体内延伸,当 $U_G > U_{th}$ 时,半导体与绝缘体界面上的电势(常称为表面势)用 Φ_S 表示,变得如此之高,以至于将半导体内的电子(少数载流子)吸引到表面形成一层极薄的约 10^{-2} μm,但电荷浓度很高的反型层,如图 1(c)所示。反型层电荷的存在表明了 MOS 结构存储电荷的功能。

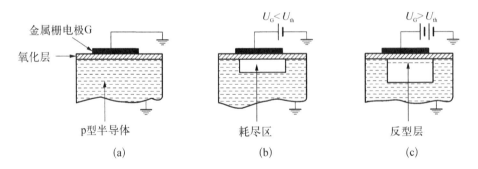

图 1 CCD 栅极电压变化对耗尽区的影响

然而,当栅极电压由零突变到高于阈值电压时,轻掺杂半导体中的少数载流子很少,不能立即建立反型层,在不存在反型层的情况下,耗尽区将进一步向体内延伸,而且栅极和衬底之间的绝大部分电压降落在耗尽区上,表面势与栅极电压为近似的正比关系,因此 U_G 越大,势阱越深,如图 2(a)所示。由于表面势与反型层电荷密度成反比,如果随后可以获得信号电荷(少数载流子)时,它们便聚集在界面,使电荷密度上升,那么耗尽区将收缩,反型层变薄,表面势下降,可称为势阱的填充,如图 2(b)所示。当反型层电荷足够多,使势阱被填满时,此时表面势不再束缚多余的电子,电子将产生"溢出"现象。这样,表面势可作为势阱深度的度量。

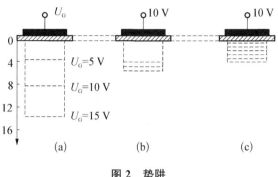

图 2　势阱

2) 电荷转移

观察图3 CCD中4个彼此靠得很近的电极将有助于理解CCD中势阱及电荷如何从一个位置迁移到另一个位置。假定开始时有一些电荷存储在偏压为10 V的第一个电极下面的深势阱里,其他电极上均加有较低电压,例如2 V,设图3(a)为零时刻,初始时刻经过 t_1 时刻后各电极上的电压变为图3(b)所示,第一个电极仍保持为10 V,第二个电极上的电压由2 V变为10 V,因为这两个电极靠得很紧,间隔只有几微米,他们各自的对应势阱将合并在一起。原来在第一个电极下的电荷变为这两个电极下势阱所共有,如图3(b)和(c)所示。若此后电极上的电压变为图3(d)所示,第一个电极电压由10 V变为2 V,第二个电极电压仍为10 V,则共有的电荷转移到第二个电极下面的势阱中,如图3(e)所示。由此可见,深势阱及电荷包向右移动了一个位置。通过将一定规则变化的电压加到CCD各电极上,电极下的电荷包就能沿半导体表面按一定方向移动。通常把CCD电极分为几组,每一组称为一相,并施加同样的时钟脉冲,CCD的内部结构决定了使其正常工作所需要的相数。图3所示的结构需要三相时钟脉冲,其波形图如图3(f)所示。这样的CCD称为三相CCD。

三相CCD的电荷耦合传输方式必须在三相交叠脉冲的作用下,才能以一定的方向逐单元地转移。

另外,必须强调指出CCD电极间隙必须很小,电荷才能不受阻碍地从一

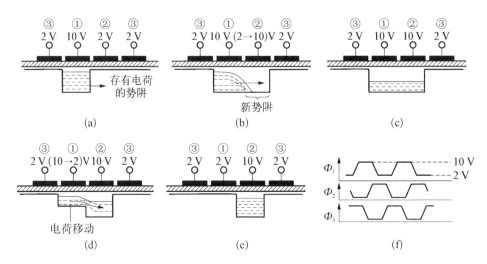

图 3　三相 CCD 中电荷转移过程

个电极下转移到相邻电极下。这对图 3 所示的电极结构是一个关键问题,如果电极间隙比较大,两相邻电极间的势阱将被势垒隔开,不能合并,电荷也不能从一个电极向另一个电极完全转移,CCD 便不能在外部脉冲作用下正常工作。能够产生完全耦合条件的最大间隙一般由具体电极结构、表面态密度等因素决定。理论计算和实验证实,为了不使电极间隙下方界面处出现阻碍电荷转移的势垒,间隙的长度应小于 $3\ \mu m$,这大致是同样条件下半导体表面深耗尽区宽度的尺寸,当然如果氧化层厚度、表面态密度不同,结果也会不同,但对绝大多数 CCD,$1\ \mu m$ 的间隙长度是足够小的。

以电子为信号的 CCD 称为 n 型沟道 CCD,简称为 n 型 CCD。而以空穴为信号电荷的 CCD 称为 p 型沟道 CCD,简称为 p 型 CCD。由于电子的迁移率(单位场强下的运动速度)远大于空穴的迁移率,因此 n 型 CCD 比 p 型 CCD 的工作频率高得多。

3) 电荷的注入

在 CCD 中电荷注入的方法有很多,归纳起来可分为光注入和电注入两类。在 CCD 实时在线非接触式线径测量系统中使用的电荷注入方式是光注入。当光照射到 CCD 硅片上时,在栅极附近的半导体体内产生电子—空穴,对其多数载流子被栅极电压排开,少数载流子则被收集在势阱中形成信号电

荷。光注入后,势阱中光生信号电荷(Q)可表示为

$$Q = \eta q \Delta n_{eo} A T_C \qquad (1)$$

式中,η 为材料的量子效率,q 为电子电荷量,Δn_{eo} 为入射光的光子流速率,A 为光敏单元的受光面积,T_C 为光注入时间。

由式(1)可以看出,当 CCD 确定以后,q 及 A 均为常数,注入到势阱中的信号电荷 Q 与入射光子流速率 Δn_{eo} 及注入时间 T_C 成正比。注入时间 T_C 由 CCD 驱动器的转移脉冲的周期 T_{SH} 决定。当所设计的驱动器能够保证其注入时间稳定不变时,注入到 CCD 势阱中的信号电荷只与入射光辐射光子流速率 Δn_{eo} 成正比。若光源为单色光,则注入的信号电荷量 Q 与单色光源的光谱辐射通量成线形关系。该线性关系就是应用 CCD 器件检测光谱强度和进行多通道光谱分析的理论基础。

2. CCD 器件应用之一:一维尺寸的测量

CCD 器件用于尺寸测量是一种非常有效的非接触测量技术。具有灵敏度高、动态范围大、性能稳定、工作可靠、几何失真小、抗干扰能力强、便于计算机处理等优点,在工业生产中得到了广泛应用,诸如冶金部门中各种管、线、带材轧制过程中的尺寸测量,光纤及纤维制造中丝径尺寸测量、控制机械产品尺寸测量、分类等。下面讨论几种尺寸测量方法的原理。

1) 平行光投影法

当一束平行光透过待测目标投射到 CCD 器件上时,由于目标的存在,目标的阴影将同时投射到 CCD 器件上,在 CCD 器件输出信号上形成一个凹陷,如图 4 所示。

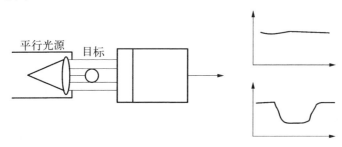

图 4　平行光投影及输出信号波形

如果平行光准直度很理想,阴影的尺寸就代表了待测目标尺寸,只要统计出阴影部分的 CCD 像元个数,像元个数与像元尺寸的乘积就代表了目标的尺寸。

测量精度取决于平行光的准直程度和 CCD 像元尺寸的大小。对 DM99 测径实验仪使用的 5 430 位像元 CCD 器件,像元之间的中心距为 7 μm,像元尺寸也为 7 μm。平行光源要做得十分理想受成本、体积等方面的限制,在实际应用中常通过计算机处理,对测量值进行修正,以提高测量精度。

2) 光学成像法

被测物经透镜在 CCD 上成像,像尺寸将与被测物尺寸成一定的比例。设 T 为像尺寸,K 为比例系数,则被测物的尺寸 S 可由 $S = KT$ 来表示,K 表示每个像元所代表的物方尺寸的当量,它与光学系统的放大倍率、CCD 像元尺寸等因素有关。T 对应于像尺寸所占的像元数与像元尺寸的乘积。如图 5 所示。

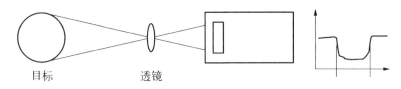

目标　　　　　　　透镜

图 5　成像法测径及信号波形

对于一个已选定的 CCD 器件,可以采用不同的光学成像系统来达到测量不同尺寸的目的,如用照相物镜来测较大物体尺寸(像是缩小的);用显微物镜来测细小物体尺寸(像是放大的)。

光学系统担负着传递目标光学信息的作用,对 CCD 成像质量有着十分重要的意义。在高精度测量中,要求光学系统的相对几何畸变小于 0.03%,这种大像场、高精度要求是一般工业摄像系统达不到的。所以一个高精度的线阵 CCD 摄像系统,必须配置一个专用的大像场和小畸变的光学系统。

DM99 测径实验仪使用的是一个普通的显微物镜,存在着一定的几何失真。所以测量时必须分段进行修正。

3) 测量系统参数标定

当系统的工作距离确定了之后,为了从目标像所占有的像元数 N 来确定目标的实际尺寸,需要事先对系统进行标定。标定的方法是:先把一个已知尺寸为 L_p 的标准模块放在被测目标位置,然后通过计数脉冲,得到该模块的像所占有的 CCD 像元数 N_p,从 $K = L_p/N_p$ 可以得到系统的脉冲当量值,K 值表示一个像元实际所对应的目标空间尺寸的当量。然后再把被测目标 L_x 置于该位置,测出对应的脉冲计数 N_x,由 $L_x = KN_x$ 可以算出 L_x 值。这就是**一次定标**。

通常可以把 K 值存入计算机中,在对目标进行连续测量时,可以通过软件计算出目标的实际尺寸。这种标定方法简单,但测量精度不高,因为还存在着系统误差的影响。

为了在实测值中去掉系统误差,可以采用**二次标定法**来确定系统的显示数当量值 K。实验表明,被测物体的实际尺寸 L_x 和对应像元脉冲数 N_x 之间有 $L_x = KN_x + b$,b 就是测量值中的系统误差,通过两次标定就可以确定 K, b 值。其方法是:先在被测位置上放置一已知尺寸为 L_1 的标准块,通过计数电路得到相应的脉冲数 N_1,然后再换上另一个已知尺寸为 L_2 的标准块,再得到对应的计数脉冲 N_2,将 L_1, L_2, N_1, N_2 代入 $L_x = KN_x + b$ 可以算得

$$K = (L_2 - L_1)/(N_2 - N_1)$$
$$b = L_1 - KN_1 \tag{2}$$

显然,b 值代表实际值与测量值之差,这是由系统产生的测量误差。

采用二次标定法所得到的 K 值和 b 值,消除了系统误差对测量精度的影响,因而普遍适用于一般工业测量系统。对于在线动态尺寸测量,还需要根据实际状态采用计算机校正方法来提高测量精度。

在实际应用中,往往采用分段二次标定方法,将一个测量范围分成若干段,对每一个小段用标准块进行标定,分段越多,标定越精确。用标定值对测量值进行修正,大大提高了测量精度,同时也降低了对光学系统的要求。

4)物体边界提取

(1)幅度切割法。

在光电图像测量中,为了实现被测目标尺寸量的精确测量,首先应解决的问题是物体边界信号的提取和处理。从图像信号中提取边界信号最常用

的方法是**二值化电平切割法**,利用目标和背景的亮度差别,用电压比较器对图像信号限幅切割,加大信号电压与背景电压的"反差",使对应于目标和背景的信号具有"0","1"特征的信号,然后交与计算机处理。也可以用软件方法实现这一功能,将每个像元信号先经过 A/D 转换成数字化的灰度等级,确定一个数字化的阈值,高于阈值部分输出高电平,低于阈值部分输出低电平,达到了物体边界提取的目的。

二值化处理的重要问题是阈值如何确定。由于衍射、噪声、环境杂光等影响,CCD 输出的边界信号存在一个过渡区,如何选取阈值是影响测量精度的重要因素,并且,阈值的选取应随环境光和光源的变化而变化。因此,这种方法对环境和光源的稳定性有较高的要求,实际使用上有一定的局限性。但是如果设计得好,可以利用"像元细分"技术来大大提高仪器的分辨率。

(2)像元细分。

每一种 CCD 器件的光敏元尺寸大小和相邻两像元间的尺寸(空间分辨率)是一定的,DM99 测径仪上所用 CCD 的空间分辨为 7 μm,如不采取其他措施,则测径精度只能为 7 μm,不能再高了。在 CCD 前加一个光学系统,就能改变测径仪的分辨率。同样,在 CCD 后,通过一个"像元细分"(线性内插)电路,也能提高测径仪的分辨率,其原理与做法如图 6 所示。

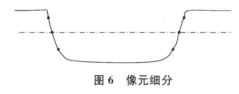

图 6　像元细分

一条阈值线与"浴盆"状波形梯形前沿和后沿相交于 M_1 和 M_2 点,一般来说 M_1(M_2)点数据(即阈值)落在两相邻单元数据之间,而不会与哪一个单元数据完全相等,这就是说 M_1(M_2)点所对应的地址号不是一个整数。采用下式可求出 M_1 点所对应的单丝影像在 RAM 中的起始地址(地址号带小数):

$$ADD(M_1) = A_1 - (V_S - V_{21})/(V_{11} - V_{21}) \tag{3}$$

式中,A_1 为邻近 M_1 点下一个单元地址,V_{21} 为该单元的值,V_{11} 为邻近 M_1 点前一个单元($A_1 - 1$)的值,V_S 为阈值电平。同理,单丝影像结束地址为

$$ADD(M_2) = A_2 - (V_{12} - V_S)/(V_{12} - V_{22}) \qquad (4)$$

式中，A_2 为邻近 M_2 点下一个单元地址，V_{12} 为该单元的值，V_{22} 为邻近 M_2 点前一个单元 (A_2-1) 的值。采用像元细分技术，可以达到若干分之一的像元分辨率。

（3）梯度法。

CCD 输出的目标边界信号是一种混有噪声的类似斜坡的曲线，由于边缘和噪声在空间域上都表现为灰度较大的起落，即在频率域中都为高频分量，给实际边缘的定位带来了困难。利用计算机的强大运算能力，先对 CCD 输出的经 A/D 转换后的数字化的灰度信号进行搜索，找出斜坡段，然后对斜坡段数据作平滑处理，再对处理后的数据求梯度，找出图像斜坡上梯度值最大点的位置，该点的位置就定为边缘点的位置（见图 7）。利用该方法可以将边缘精确地定位在 CCD 的一个像元上，并有较强的抗干扰能力。

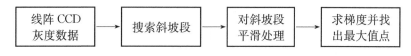

图 7 梯度法算法原理

3. CCD 器件的应用之二：光谱图形和光强分布的测量

由于 CCD 器件光谱响应范围广，灵敏度高，因此对于光谱图形、干涉、衍射花样的光强分布测量，以 CCD 器件为核心构成的各种光学测量仪器完全可以取代照相干版法和测量望远镜或丝杠带动光电池。本实验中仅分析用 CCD 器件完成光的单缝衍射实验原理。

光的衍射现象是光的波动性的一种表现，可分为菲涅耳衍射与夫琅禾费衍射两类。菲涅耳衍射是近场衍射，夫琅禾费衍射是远场衍射，又称平行光衍射（见图 8）。将单色点光源放置在透镜 L1 的前焦面，经透镜后的光束成为平行光垂直照射在单缝 AB 上，按惠更斯——菲涅耳原理，位于狭缝的波阵面上的每一点都可以看成一个新的子波源，他们向各个方向发射球面子波，这些子波相叠加经透镜 L2 会聚后，在 L2 的后焦面上形成明暗相间的衍射条纹，其光强分布规律为

$$I_\theta = I_0 \frac{\sin^2 \varphi}{\varphi^2} \tag{5}$$

式中，$\varphi = \frac{\pi}{\lambda} a \sin\theta$，$a$ 为单缝宽度，θ 为衍射角，λ 为入射光波长。

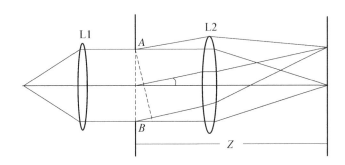

图 8　单缝衍射

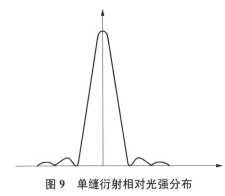

图 9　单缝衍射相对光强分布

如图 9 所示，由式(5)可见：

（1）当 $\theta = 0$ 时，$I_\theta = I_0$，为中央主极大的强度，光强最强，绝大部分的光能都落在中央明纹上。

（2）当 $\sin\theta = \dfrac{K\lambda}{a}$（$K = \pm 1$，$\pm 2, \cdots$）时，$I_\theta = 0$，为第 K 级暗纹。由于夫琅禾费衍射时，θ 很小，有 $\theta \approx \sin\theta$，

因此暗纹出现的条件为

$$\theta = \frac{K\lambda}{a} \tag{6}$$

（3）从式(6)可见，当 $K = \pm 1$ 时，为主极大两侧第一级暗条纹的衍射角，由此决定了中央明纹的宽度 $\Delta\theta_0 = \dfrac{2\lambda}{a}$，其余各级明纹角宽度 $\Delta\theta_K = \dfrac{\lambda}{a}$，所以中央明纹宽度是其他各级明纹宽度的两倍。

（4）除中央主极大在外，相邻两暗纹级间存在着一些次级大，这些次级大的位置可以从对式(5)求导并使之等于零而得到，如表 1 所示。

表1　单缝衍射级数与相对光强对照表

级 数 K	次级大时 θ	相对光强 $\dfrac{I}{I_0}$
± 1	$\pm 1.43\dfrac{\lambda}{a}$	0.047
± 2	$\pm 2.46\dfrac{\lambda}{a}$	0.017
± 3	$\pm 3.47\dfrac{\lambda}{a}$	0.008

二、仪器使用说明

1. DM99型CCD测径实验仪

DM99CCD测径实验仪的外形结构如图10所示。

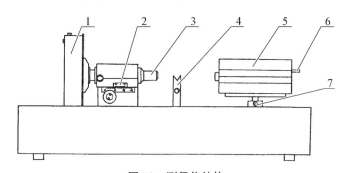

图10　测径仪结构
1-CCD采集盒　2-显微镜座　3-显微物镜　4-测量架
5-半导体平行光源　6-光源亮度调节　7-平行光源升降调节

CCD采集盒的光敏元尺寸为 $7\,\mu m \times 7\,\mu m$,共有5 360个光敏元(像元)。光源采用半导体激光器(红光),它的波长正好落在CCD的光谱响应最敏感区。

测量前需要调焦及光路调整。使用时,将平行光源盒上的电源打开,调节旋钮,使光强适中。在屏幕上看到的波形最高点在屏的顶部,并留有较多的起伏毛刺为较合适;如波形顶部很整齐则表示平行光源太强,需调小一些。

调焦:在测量架上放置一个待测物,前后调节显微物镜与测量物间的距离(即调焦),在屏幕上观察调焦效果。把主视窗上的一个蓝色选择框拖到曲线的边缘处,局部视窗显示出曲线边缘的精细结构。边缘越陡直,像元点越少即调焦越正确。调焦完成后就可以开始测量。

光路调整:仪器出厂时已将光学几何关系调好,一般不须再作调节,如为了训练学生的动手能力,或为了恢复因运输过程造成的失调,可作如下调整。光路上下对准调节。松开显微镜侧面的一颗锁紧螺丝,将 CCD 采集盒和连接筒一并拔出;在原 CCD 采集盒处放置一张白纸;松开平行光源底部的一颗锁紧螺丝(须用一字形螺丝刀),缓缓升降平行光源,观察白纸上的被测物的像,应基本处于光斑中部,如图 11 所示,然后重新锁紧螺丝,但不要锁死。

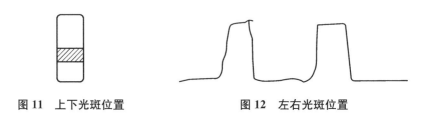

图 11　上下光斑位置　　　　　图 12　左右光斑位置

光路左右对准调节,把 CCD 采集盒重新装入显微镜座上,观察屏幕上波形曲线凹陷处(被测物的像)的底部应平整,不能有大的起伏(见图12)。可缓缓左右转动平行光源,使曲线最好,然后锁死平行光源底部的螺丝。

放大倍率调整:DM99 测径仪上配的显微物镜为 3^x,但与 CCD 感光面到显微物镜间的距离有关,改变这个距离,也就改变了放大倍数。

基线调整:CCD 没有受到光照部分输出的曲线称为"基线"。由于振动或温度变化等原因,"基线"有时会显得太高或太低,可作如下调节,点击"数据处理"菜单,选中"禁止自动寻找测径范围"开关选项,然后找到 CCD 采集盒背面下方一个小孔,用钟表起子缓缓细心地调节里面的一只小电位器,见到基线位置合适时即可。再返回"数据处理"菜单,关闭"禁止自动寻找测径范围"开关选项,进入正常测径程序。

2. LM99PC 型 CCD 多道光强分布测量系统

LM99PC 型 CCD 多道光强分布测量系统整体结构如图 13 所示。

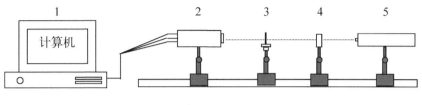

图 13　LM99PC 安装图

1-计算机中的采集卡　2-LM601 CCD 光强仪　3-组合光栅架　4-连续减光器　5-激光器

一套完整的 LM99PC 由光具座、激光器、连续减光器、组合光栅、LM601 CCD 光强分布测量仪和 CCD 采集卡，外加一套计算机组成。

其核心是线阵 CCD 器件。CCD 器件是一种可以电扫描的光电二极管列阵，有面阵（二维）和线阵（一维）之分。LM601 CCD 光强仪所用的是线阵 CCD 器件，性能参数如表 2 所示。LM601 CCD 光强仪机壳尺寸为150 mm×100 mm×50 mm，CCD 器件的光敏面至光强仪前面板距离为 4.5 mm。

表 2　LM601 CCD 性能参数

光敏元数	光敏元尺寸	光敏元中心距	光敏元线阵有效长	光谱响应范围	光谱响应峰值
2 592 个	11×11 μm	11 μm	28.67 mm	0.35～0.9 μm	0.56 μm

LM601 CCD 光强仪后面板各插孔标记含义如下，波形如图 14 所示。

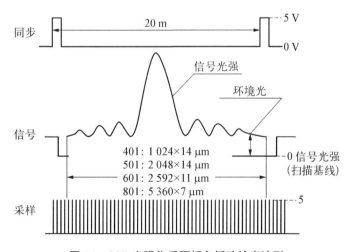

图 14　CCD 光强仪后面板各插孔输出波形

"示波器/微机"：当光强仪配接的是 CCD 数显示波器或通用示波器时，将此开关打在"示波器"位置，"同步"脉冲频率为 50 Hz；当配接的是按装有 CCD 采集卡的微机系统时，把开关打在"微机"位置，"同步"脉冲频率为 1～5 Hz，"采样"脉冲频率为 10～15 kHz。

"同步"：启动 CCD 器件扫描的触发脉冲，主要供示波器 X 轴外同步触发和采集卡同步用。"同步"的含意是"同步扫描"。接红色插头电缆线。

"采样"：每一个脉冲对应于一个光电二极管，脉冲的前沿时刻表示外接设备可以读取光电管的光电压值，"采样"信号是供 CCD 采集卡"采样"同步和供 CCD 数显示波器作 X 位置计数。此脉冲也可作为几何形状测量时的计数脉冲。接黄色插头电缆线。

"信号"：CCD 器件接受的空间光强分布信号的模拟电压输出端，接蓝色插头电缆线。

"同步"、"采样"和"信号"三者所接的电缆线合为一个 DB15 插头，连至 CCD 采集卡。

小功率的半导体激光器作为光源；连续减光器由两片偏振膜组成，一片固定，作起偏器；另一片可 360°旋转，作检偏器，达到连续减光的目的。组合光栅由光栅片和二维调节架构成，如图 15 所示，光栅片上有 7 组图形，如图 16 所示。a 为缝宽，d 为缝中心的间距与缝宽的比值。

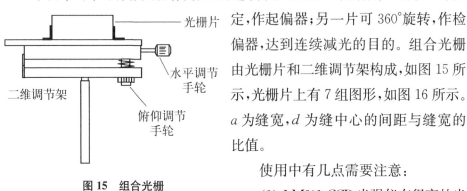

图 15　组合光栅

光栅片

水平调节手轮

二维调节架

俯仰调节手轮

使用中有几点需要注意：

(1) LM601 CCD 光强仪有很高的光电灵敏度，需在暗环境中使用，在一般室内光照条件下，已趋饱和，在 CCDWIN 软件上显示出的采集曲线为全高；在没有暗室的情况下，可以在 LM601 CCD 光强仪和组合光栅架之间架设一个遮光筒（例如两端开口的封闭纸盒）。

(2) 单缝与 CCD 光强仪之间的距离 Z 应尽可能满足远场条件（$Z \gg a^2/8\lambda$，a 为缝宽）。

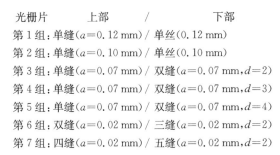

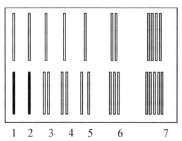

光栅片　　　　上部　　　／　　　　下部
第1组：单缝($a=0.12\,\text{mm}$) / 单丝($0.12\,\text{mm}$)
第2组：单缝($a=0.10\,\text{mm}$) / 单丝($0.10\,\text{mm}$)
第3组：单缝($a=0.07\,\text{mm}$) / 双缝($a=0.07\,\text{mm},d=2$)
第4组：单缝($a=0.07\,\text{mm}$) / 双缝($a=0.07\,\text{mm},d=3$)
第5组：单缝($a=0.07\,\text{mm}$) / 双缝($a=0.07\,\text{mm},d=4$)
第6组：双缝($a=0.02\,\text{mm}$) / 三缝($a=0.02\,\text{mm},d=2$)
第7组：四缝($a=0.02\,\text{mm}$) / 五缝($a=0.02\,\text{mm},d=2$)

图 16　光栅

（3）扫描基线（0 信号光强）的位置调节：将 LM601 CCD 光强仪的采光窗口遮住，使窗口无法接受到任何光线，扫描基线应在屏幕上呈现为一条近似的平直线，它的位置约在满幅度的 10% 左右，如果不在，可在程序运行中微调 CCD 采集卡上的电位器来解决。扫描基线（0 信号光强）的位置对实验影响不大，正确的位置有利于得到漂亮的采集曲线。

（4）如果采集到的曲线出现了"削顶"，则有两种可能：一是 CCD 器件饱和，说明信号光过强（注意：不是环境光过强），这时可以调节连续减光器，或者减小激光器的功率；二是软件中选项里的增益参数调得太大，应使之减小。

（5）一般的衍射花样是一种对称图形。但有时采集到的图形左右不对称，这主要是各光学元件的几何关系没有调好引起的。实验时，应① 调节单缝的平面与激光束垂直。检查方法是，观察从缝上反射回来的衍射光，应在激光出射孔附近。② 调节组合光栅架上的俯仰或水平调节手轮，使缝与光强仪采光窗的水平方向垂直（或调节光强仪）。

（6）如果光强曲线幅值涨落或突跳，是激光器输出功率不稳造成的，常发生在用 He - Ne 激光器时，如采用半导体激光器就不会有这种情况。

（7）如果单缝衍射曲线主极大顶部出现凹陷，常发生在使用质量欠佳的玻璃基板的单缝时，主要是单缝的黑度不够，有漏光现象。如将衍射光直接投射到屏上，可观察到主极大中间有一道黑斑。

（8）如果曲线不圆滑漂亮，应将衍射光直接投射到屏上，如发现衍射花样很乱，边缘不清晰，可能是缝的边缘不直或刀口上有尘埃。再一个原因是 CCD 光强仪采光窗上有尘埃，可左右移动光强仪，寻找较好的工作区间。

实验二

X 射线在晶体中的衍射

一、实验课题意义及要求

X 射线是 1895 年由德国物理学家伦琴发现的,故又名为伦琴射线,伦琴因这一伟大的发现而荣获首届诺贝尔物理学奖。德国物理学家劳厄于 1912 年首先指出晶体可以作为 X 射线的衍射光栅,当 X 射线射到晶体上时,晶体内部周期性排列的各个原子对入射 X 射线散射的相互干涉,使之在一定方向上出现衍射极大。利用照相等手段,可以把这种衍射现象的图形记录下来进行分析,从而得出晶体内部结构。X 射线衍射不仅是我们研究晶体的常用方法之一,它还在许多科学领域中得到广泛应用。劳厄也因此获得了 1914 年度的诺贝尔物理学奖。

本实验要求掌握德拜相的拍摄技术,学会立方晶体粉末衍射花样的分析方法,并求出实验样品的点阵常数,确定其晶格类型。

二、参考文献

[1] 王新颜,刘战存. 德拜对多晶 X 射线衍射的研究[J]. 物理实验,2005(8):38.

[2] 周孝安,赵咸凯,谭锡安,等. 近代物理实验教程[M]. 武汉:武汉大学出版社,1998.

[3] 宋露露,黄致新,高建明,等. 多晶体分析——德拜法的实验数据处理问题探讨[J]. 大学物理实验,2005(4):68.

[4] 李树棠. 晶体 X 射线衍射学基础[M]. 北京:冶金工业出版

社,1990.

[5] 吴思诚,王祖铨.近代物理实验(第二版)[M].北京：北京大学出版社,1995.

[6] 陈谋智,邓谷鸣,王余美.X射线粉末衍射与德拜相指标化的简易方法[J].集美大学学报(自然科学版),1997(3)：59.

[7] 何云.德拜相的误差分析[J].广西物理,1997(1)：35.

[8] 林木欣.近代物理实验教程[M].北京：科学出版社,1999.

[9] 邬鸿彦,朱明刚.近代物理实验[M].北京：科学出版社,1998.

[10] 郑振维,龙罗明,周春生,等.近代物理实验[M].长沙：国防科技大学出版社,1989.

三、提供仪器及材料

仪器：X射线晶体结构分析仪、德拜-谢乐照相机。

材料：铜丝、X光软片、显影液、定影液。

四、开题报告及预习

1. 什么是X射线？它和可见光有何不同？

2. X射线是怎样产生的？连续X射线谱和标识X射线谱的产生条件和机制有何不同？

3. X射线与物质相互作用有哪些现象和规律？

4. X射线射到晶体上时,为什么会发生衍射现象？衍射加强应该满足什么条件？

5. 简单立方晶体、体心立方晶体和面心立晶体产生衍射加强的条件有何不同？

6. 德拜相是如何形成的？为什么会产生不同的德拜环？

7. 如何确定德拜环的面指数(指标化)？

8. 如何确定实验样品的晶格常数和晶格类型？

9. X射线晶体分析仪主要由哪些部分构成？

10. X射线管的结构是怎样的？各部分有何作用？

11. 德拜-谢乐照相机主要由哪些部分构成？各部分有何作用？

12. 在德拜法中为什么不能选用 X 射线中的连续谱线？

13. 德拜法中对试样有何要求？

14. 德拜法中底片的安装有几种不同的装法？

五、实验课题内容及指标

1. 用不对称法安装德拜相机的底片。

2. 利用 X 射线晶体分析仪拍摄德拜相，并进行暗室处理。

3. 测量德拜环的直径，对德拜环进行定标，从而确定实验样品的晶格常数和晶格类型。

六、实验结题报告及论文

1. 报告实验课题研究的目的。

2. 介绍实验的基本原理和实验方法。

3. 介绍实验所用的仪器装置及其操作步骤。

4. 对实验数据进行处理和计算，要求确定实验样品的晶格常数和晶格类型。

5. 报告通过本实验所得收获并提出自己的意见。

实 验 指 导

一、实验原理

1. X 射线的性质和产生

1912 年劳厄等利用晶体作为产生 X 射线衍射的光栅，使入射的 X 射线经过晶体后发生衍射，证实了 X 射线与无线电波、可见光和 γ 射线等其他各种高能射线无本质上的区别，也是一种电磁波，只是波长很短而已。X 射线的波长在 $10^{-2} \sim 10^{2}$ Å 之间，在结构分析实验中一般用波长介于 $0.5 \sim 2.5$ Å 之间的 X 射线。

当高速带电粒子与物质相撞击时,便可产生 X 射线。因此,用以获得 X 射线的 X 射线管包括一束电子流、加速用的电压、发射 X 射线用的金属靶等。

在加速电压低于 20 kV 时,射线强度随波长变化为一光滑曲线,构成连续 X 射线谱。连续 X 射线谱是击中了阳极靶的大量高能电子迅速减速时产生的。但是,每个电子的减速方式是不同的。有的电子在一次撞击时被制止,从而立即放出其全部能量 eV;另外一些电子,则需和靶中的原子碰撞许多次,逐次丧失其能量,直到耗竭而止。在首次撞击就被制止的电子,将产生最大频率的光子,即最短波长的 X 射线:

$$eV = h\nu_{\max} = \frac{hc}{\lambda_{\min}} \qquad (1)$$

实验证明靶材只影响连续谱的强度而不影响其波长分布,连续谱的强度随原子序数的增加而增加。可见当需要大量的连续 X 射线时,要用重金属做靶。

当管电压提高到某一临界电压 V_K(不同的靶临界电压值不同)以后,高能电子在轰击阳极靶的过程中,那些具有足够动能的电子,激发阳极靶金属原子内的壳层电子跃迁。这种跃迁所产生的 X 射线的波长是不连续的,称为标识 X 射线谱。

标识谱包括 $K, L, M, \cdots$ 等线系,其中 K 系波长最短,强度最大,被用于 X 射线结构分析中,K 系由 K_α,K_β 组成,实验常用 K_α 线。

2. X 射线与物质的相互作用

当 X 射线射到物质(样品或滤波片)上时,部分光子被吸收,部分被散射,因而透过物质的原射线被减弱了。

1)X 射线的吸收和滤波片的选择

X 射线通过物质后强度减弱的现象称为吸收。一般情形下物质对 X 射线的吸收程度随射线波长的增大而增加,即波长越小贯穿本领越强,所以常称短波射线为硬射线,长波射线为软射线。

对给定物质,吸收系数一般随 λ^3 增大,但有一些突变点,该点波长分别

称为该元素的 K,L,M 等吸收限。利用这些突变点(吸收限)可以制成 X 射线滤波片,从而改善 X 射线的单色性。

2)相干散射(汤姆孙散射)

当物质(样品)中的电子为原射线的光子所撞击时,就开始振动,成为辐射源。所产生射线的波长与原射线的波长相同,位相决定于原射线的位相。因而在物质中被光子所撞击的电子构成一群相干波源,它们产生的辐射是相干的,所以成为相干散射。

晶体中的原子是规则排列的,因而相干散射线的能量集中在某些方向上,形成衍射花样。从这些衍射花样可以推测晶体中原子的排列,这是 X 射线晶体学的基础。

3)荧光辐射

它是当样品的原子吸收射线光子而被激发后,回到正常状态时所产生的,其波长及相对强度与由阴极射线激发标识谱的情形完全一样。荧光辐射在实验中起着有害的作用,所以应该设法避免它。

3. 晶体对 X 射线的衍射

如图 1 所示,一束波长为 λ、与晶面成 θ 角的 X 射线射到面间距为 d 的晶体上,它在晶面 A 上被原子散射,其散射波必定互相干涉,并在一些特定方向上有衍射线存在。不管各原子在晶面上如何排列,只要衍射波束在入射平面内,而且它对晶面的夹角等于入射束与晶面的夹角,则从同一晶面上各原子发出的在该方向上的衍射波位相是相同的。从图 1 不难得出,对于通过 M 和 M_1 散射的两束波在波阵面 π 和 π_0 之间的路程是相同的。

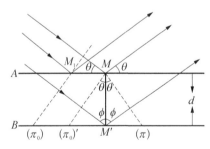

图 1 晶面 A 与 B 衍射波的程差

入射波具有透射性,来自晶面 A 和 B 的衍射束是相干的。从图 1 不难证明,通过 M 和 M' 散射的两束波的程差为 $2d\sin\theta$。因而只有满足关系式

$$2d\sin\theta = n\lambda \ (n \text{ 为整数}) \tag{2}$$

时,晶面 A 与 B 散射波的相位才一致。上述关系式决定了衍射束的存在条

件,称为布拉格方程,它说明了 X 射线在晶体中衍射的基本关系。

4. 立方晶体的衍射面指数

立方晶系的晶胞分为简单立方、体心立方和面心立方 3 种类型的点阵排列。

对于体心立方和面心立方晶体,点阵比较复杂,有一些中间面存在,由这些面反射的 X 射线可能抵消由晶体基面反射的 X 射线。因此有些晶面的反射线可能消失,并由 X 射线在晶体中的衍射理论所证明,也与实验结果相符合。立方晶系的计算结果如表 1 所示,对于简单立方晶体,任何晶面指数(h, k, l)都能产生衍射;而对于体心立方晶体,必须 $h+k+l$ 为偶数的晶面才能产生衍射;对于面心立方晶体,必须是(h, k, l)都为偶数或都为奇数才产生衍射。

5. 德拜相的形成与分析

用一定波长的 X 射线标识谱照射多晶体,用 X 光软片记录衍射线,从而得出衍射图像的方法叫德拜法。

X 射线束射到晶体上时,总有其中某一晶面(h, k, l)与入射 X 射线成符合布拉格公式的掠射角 θ,从而产生衍射,其衍射线是以原射线方向为轴,顶点在样品被照射部分,顶角为 4θ 的圆锥被称为衍射圆锥,如图 2 所示。对于不同晶面指数(h, k, l)的晶面,其面间距 d 不同,产生衍射时满足衍射条件的掠射角 θ 也不同,故将出现如图 3 所示的许多个顶角不同的衍射圆锥。

如果样品的晶粒不够细或数量不够多,则某些取向的衍射线就可能得不到,这时要使样品在照相时转动,以便得到连续的衍射圆锥面。将 X 光软片卷成圆筒状(使 X 光软片与圆筒型粉末相机内壁相贴),样品置于其中心轴线上,在 X 光软片上可得到衍射圆锥与软片的交线,也就是一对对称线纹,如图 4 所示,其图样称为德拜环,即粉末法的衍射花样图。不同物质的晶体结构不同,所形成的衍射花样也不同。因此,应用德拜法可以分析各种多晶金属材料的结构。

在布拉格方程中,将晶面间距 d 用晶格常数 a, b, c 和晶面指数(h, k, l)的关系表示。在立方晶系中,因为 $a=b=c$,故有

表 1 立方晶体的衍射面指数

衍射面指数 (h, k, l)	1,0,0	1,1,0	1,1,1	2,0,0	2,1,0	2,1,1	2,2,0	2,2,1 3,0,0	3,1,0	3,1,1	2,2,2	3,2,0	3,2,1	4,0,0	4,1,0 3,2,2	4,1,1 3,3,0	3,3,1	4,2,0	4,2,1
$h^2+k^2+l^2$	1	2	3	4	5	6	8	9	10	11	12	13	14	16	17	18	19	20	21
简单立方	1	2	3	4	5	6	8	9	10	11	12	13	14	16	17	18	19	20	21
体心立方		2		4		6	8		10		12		14	16		18		20	
面心立方			3	4			8			11	12			16			19	20	

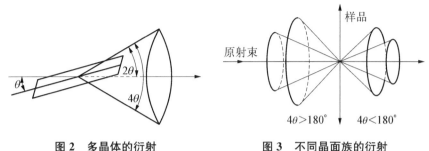

图 2　多晶体的衍射　　　　　图 3　不同晶面族的衍射

$$a = \frac{\lambda}{2\sin\theta}\sqrt{h^2 + k^2 + l^2} \quad (n = 1) \ (3)$$

式(3)是多晶体衍射花样分析的基本公式。

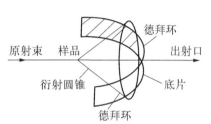

图 4　德拜相原理

在立方晶系中,一对对称线纹并不只对应于一族晶面(h, k, l),而是对应于一系列的晶面族。因为对于一定的θ,$(h^2 + k^2 + l^2)$的值固然一定,但(h, k, l)可有若干种组合。例如,立方体的 6 个面的面指数为$(1, 0, 0)$,$(0, 1, 0)$,$(0, 0, 1)$,$(\bar{1}, 0, 0)$,$(0, \bar{1}, 0)$,$(0, 0, \bar{1})$,这些晶面族都有$h^2 + k^2 + l^2 = 1$,因此这些晶面在软片上只形成一对对称线纹。换言之,当波长一定时,对称性愈高的晶体,所形成的衍射线纹愈少。相同结构的晶面愈多,则衍射线愈强(线条较黑)。

6. 确定实验样品的晶格常数和晶格类型

X光软片经暗室显影、定影处理后,将底片展开可见如图 5 所示的德拜环分布图样。据多晶体衍射花样分析的基本公式(式(3))可知,只要能够从X光底片上得出每一对对称线纹所对应的衍射角θ和晶面的晶面指数(h, k, l)的值,就能由此计算出实验样品的晶格常数a。

1)计算衍射角θ

(1)分清小θ角区和大θ角区。

在拍摄德拜环时,如果安装底片采用的是不对称法。在测量前,首先应该分清底片上的两个孔哪个是入射光阑孔,哪个是后光阑孔,也即分清小θ角区和大θ角区。后光阑处(小θ角区)一般留有试样的影子,入射光阑处

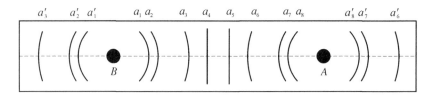

图 5　德拜相底片

(大 θ 角区)底片背景较深。图 5 中 B 对应的是后光阑孔,环 B 的每对圆弧为 $4\theta < 180°$ 的衍射圆锥所形成,称为低角衍射弧对; A 对应的是入射光阑孔, 环 A 的每对圆弧为 $4\theta > 180°$ 的衍射圆锥形成的,称为高角衍射弧对。

(2) 德拜环位置的测量。

分清底片的小 θ 角区和大 θ 角区后,按从小 θ 角到大 θ 角的顺序给各德拜环编号,每一对环的左右两条线的号码应相同。然后把底片固定在量线尺上(让小 θ 角区 B 孔在左边,大 θ 角区 A 孔在右边),尺上有固定的刻度标尺,使其对准德拜环最大部分的最黑处,读出此时坐标读数 a_n,从左到右依次测量各德拜环的位置坐标。

(3) 计算长度当量 P。

长度当量 P 就是底片上单位长度所对应的角度值,它显然和相机大小有关。从图 5 可以看出,采用不对称装法时, A, B 两孔之间的距离应是底片圆周长的一半,故长度当量 P 为

$$P = \frac{180°}{S_{AB}} \tag{4}$$

从图 5 中可以看出,后光阑孔 B 的中心坐标是环 B 的每对圆弧坐标 a_n, a_n' 坐标读数之和的一半,入射光阑孔 A 的中心坐标是环 A 的每对圆弧坐标 a_n, a_n' 坐标读数之和的一半。由于同一张底片 A, B 孔的位置是一定的,对不同对圆弧坐标算出的 A 或 B 的坐标值应是在量线尺精度之内的两个常数, 故可利用多次测量取平均,以减小读数误差。即:

B 孔位置: $S_B = [(a_1+a_1')/2 + (a_2+a_2')/2 + (a_3+a_3')/2]/3 \tag{5}$

A 孔位置: $S_A = [(a_6+a_6')/2 + (a_7+a_7')/2 + (a_8+a_8')/2]/3 \tag{6}$

两孔之间的距离：$S_{AB} = S_A - S_B$ $\qquad\qquad$ (7)

（4）计算德拜环直径。

德拜环直径等于对应的一对对称圆弧坐标 a_n, a_n' 之差：

$$d_1 = (a_1 - a_1') \quad (d_2, d_3 \text{ 类同}) \qquad\qquad (8)$$

$$d_6 = (a_6' - a_6) \quad (d_7, d_8 \text{ 类同}) \qquad\qquad (9)$$

（5）计算衍射角 θ。

通过前面的计算，我们已经得到了长度当量 P 和德拜环直径 d，只要将相应的德拜环直径 d 乘以长度当量 P 就可以得到衍射圆锥的顶角 A，即 $A = d \cdot P$。

对于小 θ 角区，衍射角 θ 与衍射圆锥顶角 A 的关系为

$$\theta = \frac{1}{4}A = \frac{1}{4}d \cdot P \qquad\qquad (10)$$

对于大 θ 角区，衍射角 θ 与衍射圆锥顶角 A 的关系为

$$\theta = \frac{1}{4}(360° - A) = 90° - \frac{1}{4}d \cdot P \qquad\qquad (11)$$

2）立方晶系晶体德拜相的指标化

每一德拜环对应一族晶面 (h, k, l)，确定各德拜环所对应的晶面族的晶面指数 (h, k, l) 的过程称为德拜相的指标化。

多晶体衍射花样分析的基本公式可改写为

$$\sin\theta = \frac{\lambda}{2a}\sqrt{h^2 + k^2 + l^2} \qquad\qquad (12)$$

以 $\sin\theta$ 为纵坐标，λ/a 为横坐标作图，则对应于 $\sqrt{h^2+k^2+l^2}$ 的每一值可得一条斜率为 $\sqrt{h^2+k^2+l^2}/2$ 的直线，如图 6 所示，直线端点的数字为该直线相应的 $h^2+k^2+l^2$ 的值。由于在同一张照片上各环的 λ 和 a 都一样，即 λ/a 为一常量。所以如果已知晶格常数 a，就可以在横坐标为 λ/a 处作一垂线，垂线与各 $\sqrt{h^2+k^2+l^2}$ 所对应直线的交点的纵坐标就是对应环的 $\sin\theta$

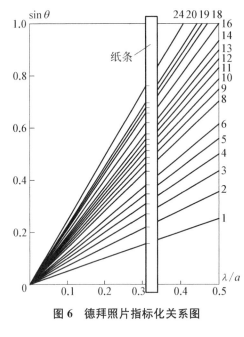

图 6　德拜照片指标化关系图

值。我们的实验情况刚好相反,已经测量出了各环所对应的 $\sin\theta$ 值,反过来要确定各环所对应的 $h^2+k^2+l^2$ 值和 λ/a 值。方法是:将计算所得的 $\sin\theta$ 值按与图 6 的纵坐标相同的标度标在纸条上,将纸条标示零点对齐图 6 的横轴且保持与纵轴平行进行左右移动。当纸条移至纸条上所标的所有 $\sin\theta$ 点都分别落在图 6 中某一直线上时,则此时可得到各 $\sin\theta$ 所在直线的 $h^2+k^2+l^2$ 的值,如图 6 中的 3,4,8,11,12,…,再由表 1 可查出其相应的晶面指数 (h,k,l)。同时可得到 λ/a 的值,如图中的 $\lambda/a = 0.31$。

3) 计算实验样品的晶格常数

方法一:由上述指标化过程得出了 λ/a 的值,由于 λ 已知,所以可以很方便地算出晶格常数 a。

方法二:晶格常数 a 也可由多晶体衍射花样分析的基本公式计算得到,因为我们已经定出了各德拜环所对应的 $\sin\theta$ 值和晶面指数 (h,k,l)。但由于系统误差和偶然误差的存在,由各德拜环分别算出的晶格常数 a 会有些差别。

4) 确定实验样品的晶格类型

当晶面指数 (h,k,l) 都是偶数或都是奇数时有衍射环出现,其他情形衍射环都消失,可判断样品为面心立方晶体;只有晶面指数之和 $h+k+l$ 为偶数时才有衍射环出现,可判断为体心立方晶体。实验中可能会发生应有的衍射环却拍摄不到的情况,可能是照相时间不够等问题。

二、实验装置

1. X 射线晶体结构分析仪

X 射线晶体结构分析仪主要由 X 射线管、高压发生器、电器控制和保护装置等构成。

1) X射线管

X射线管的结构如图7所示。这是一种热阴极式密封的X射线管,阳极靶可以由W,Cu,Fe或其他材料制成。不同靶材的管子其标识X射线谱不同,实验者可根据待测样品的性质和实验目的等,参照附表选择合适的管子和滤色片。

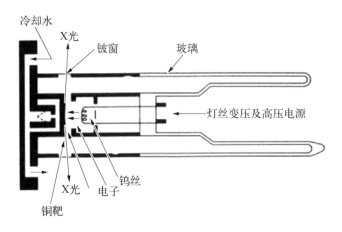

图7　密封式X射线管结构

选择时,所用的标识谱波长不应短于待测样品的 K 吸收限,否则,所激发的荧光辐射将严重地使底片发生雾翳。

一般来说,在粉末法实验中Cu的 K_α 标识谱线应用最广。但需注意,若样品为铁基材料,则不宜选用,因为它会激发样品铁,使之发生荧光辐射,此时应改用Co、Fe或Cr等的 K_α 标识辐射谱线为好(见表2)。

2) 高压装置和灯丝变压器

高压装置由高压变压器和倍压整流电路组成,其直流输出电压为 $0\sim 50\ kV$,灯丝变压器需用稳压电源供电。

3) 电器控制装置

电器控制装置包括低压通断、高压通断、高压升降、管流调节、曝光计时等各种按钮、开关和旋钮。

4) 保护装置

为保证X射线机安全工作,仪器上装有3个保护装置:

表 2 常用阳极靶的有关数据

靶 材		波长/Å				激发电压	工作电压	滤波片	
元素	原子序数	$K_{\alpha1}$	$K_{\alpha2}$	K_{α}^*	K_{β}	V_K/kV	V/kV	元素	原子序数
Cr	24	2.289 6	2.293 5	2.290 9	2.084 8	5.98	20~25	V	23
Fe	26	1.936 0	1.939 9	1.937 3	1.756 5	7.10	25~30	Mn	25
Co	27	1.788 9	1.792 8	1.790 2	1.620 8	7.71	30	Fe	26
Cu	29	1.540 5	1.544 3	1.541 8	1.392 2	8.86	35~40	Ni	28
Mo	42	0.709 3	0.713 5	0.710 7	0.632 3	20.00	50~55	Zr	40
Ag	47	0.559 4	0.563 8	0.560 8	0.497 1	25.52	55~60	Pd	46
W	74	0.209 0	0.211 9	0.210 6	0.184 6	69.30	70~75	Te	73

$$* \ \lambda_{K\alpha} = \frac{1}{3}(2\lambda_{K_{\alpha1}} + \lambda_{K_{\alpha2}})$$

水控开关：高速电子轰击阳极靶，电子能量只有很小部分转化为 X 射线，约 98% 的动能转化为热能使阳极靶面温度升高，所以必须用水强制冷却。如果冷却不充分，金属靶可能会被烧毁。X 光机都装有水控开关，当水量不足时将用蜂鸣器报警。

零位开关：当高压调节旋钮不在最小位置时，使高压加不上去的一个控制开关。其目的是避免 X 射线管突然承受高压而损坏。

过载保护装置：当 X 射线机超过规定负荷时，高压自动切断。

2. 德拜-谢乐照相机

图 8 为德拜-谢乐照相机剖面图。它由带盖圆筒相盒、样品夹头、夹片机构、入射光阑、后光阑、荧光屏、黑纸和铅玻璃等部件组成。

样品夹头与圆筒相盒中心转轴相连，可以由手动或电动旋转；配合调节圆筒侧面的定心螺丝能使样品与圆筒相盒同轴。夹片机构的作用是使底片紧贴于相盒内壁。X 射线束经入射光阑射至样品，透射后进入透射光阑。光阑除具有准直作用外，还可防止二次荧光辐射和 X 射线在空气中散射。后光阑中的黑纸可以防止可见光进入相机，荧光屏用来调节相机位置，铅玻璃可透过荧光同时可以吸收 X 射线。相盒直径通常有 57.3 mm 和 114.6 mm

两种,每 1 mm 弧长对应的圆心角分别为 $2°$ 和 $1°$,因而在分析衍射花样时十分方便。

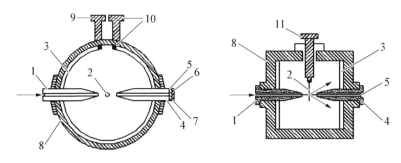

图 8　德拜-谢乐照相机
1-入射光阑　2-样品　3-X 光软片　4-后光阑　5-荧光屏　6-铅玻璃
7-黑纸　8-相机壳　9-定心螺丝　10-夹片机构　11-转轴

三、实验内容和步骤

1. X 射线光谱选择

根据布拉格方程 $\sin\theta = \dfrac{\lambda}{2a}\sqrt{h^2+k^2+l^2}$ 可知,如果波长 λ 不是单值的,则面指数(h,k,l)相同的晶面产生的衍射角 θ_{hkl} 也就不是一个定值,这就使德拜环的指标化分析有困难。所以德拜法选取 X 射线中的标识谱线 K_α 作为射线源。获得标识谱线 K_α 的方法,是在 X 光机的射出窗口前加上滤波片。本实验的阳极材料是铜,为了得到它的 K_α 线,滤波片材料为 Ni,厚度要求小于 0.5 mm。

2. 试样制备

德拜法研究的是晶体材料对 X 射线的衍射,为了获得清晰的线纹,要求晶粒的线性大小为 $10^{-5}\sim10^{-4}$ cm。实验时,试样的制备是把待分析的矿物质(或金属材料)制成粉末后,放入细的胶管中装好使用。因此德拜法也称为粉末法。

一般金属材料是由许多混乱取向的小晶粒组成的,每个小晶粒内部的点阵排列方式是完全相同的,所以一般金属丝是多晶体物质。按实验要求直径为 0.2~0.5 mm 的金属丝可以直接用作样品,一般实验中用直径约为 0.3 mm 的铜丝作样品。

3. 底片的安装

底片的安装必须在暗室完成。底片的长度要与相机的圆周长度一致,宽度应与相机的高度相同。底片分两种装法:一是对称法[见图 9(a)];二是不对称法[见图 9(b)]。选定装法后,将底片打好孔,装片后相机的前后光阑要盖上。

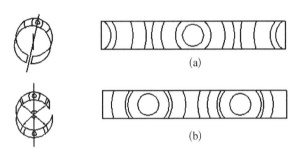

图 9 底片的安装
(a) 对称法 (b) 不对称法

4. 照相

将装好底片及样品的相机装到 X 光机上,使相机的入射光阑孔对准 X 光机的出射窗口,调节相机位置,使后光阑荧光屏上光斑最亮并可看到样品的影子(注意:要在铅防护屏后进行调节)。X 射线管的效率一般低于 1%,衍射线较入射线强度更低,所以衍射照相一般需要较长时间曝光才能记录到衍射线。照相完成后将 X 光软片经暗室显影、定影处理。

5. 测量各德拜环的坐标

把 X 光底片固定在量线尺上,从左到右依次测量各德拜环的位置坐标。

四、实验数据处理

计算出各德拜环所对应的衍射角 θ,用德拜环的指标化方法定出各衍射环所对应的晶面指数(h,k,l),然后计算出实验样品的晶格常数 a,并且确定实验样品的晶格类型。

五、实验注意事项

X 光机是一种高压电器设备,高压可达 50 kV,它产生的 X 射线直接照射人体有伤害作用。开机时要遵守操作规则,搞好安全防护工作。

实验三

电子衍射实验

一、实验课题意义及要求

法国物理学家德布罗意(L. de Broglie)在考虑到光具有波动性和粒子性后,于1924年提出了一切微观粒子也应具有波粒二象性的大胆假设。直到1927年戴维逊(C. J. Davissonn)和革末(L. H. Germer)才在实验中观察到低速电子在晶体上的衍射现象。与此同时,汤姆孙(G. P. Thomson)使被加速的高速电子穿过金属铂得到了圆环形的电子衍射图,从而证实了德布罗意的设想,并测出了德布罗意波长。为此,他们分别获得了1927年和1937年的诺贝尔物理学奖。目前,电子衍射技术已经成为研究固体薄膜和表面层晶体结构的先进技术。

本实验要求学会电子衍射仪的调整和使用方法,了解电子衍射的观察和分析方法,验证德布罗意关系式,从而获得对电子的波粒二象性的认识。

二、参考文献

[1] 刘战存,卢文韬.G・P・汤姆孙对电子衍射的实验研究[J].大学物理,2004(11):51.

[2] 刘战存,刘伟健.戴维森对电子衍射的实验研究[J].首都师范大学学报(自然科学版),2004(2):26.

[3] 吴思诚,王祖铨.近代物理实验(第二版)[M].北京:北京大学出版社,1995.

[4] 周孝安,赵咸凯,谭锡安,等.近代物理实验教程[M].武汉:武汉

大学出版社,1998.

[5] 张晓燕.电子衍射实验中确定晶面指数的简便方法[J].昭乌达蒙族师专学报,2002(3):22.

[6] 史纪元.X射线衍射与电子衍射的实验方法和衍射图像[J].潍坊高等专科学校学报,2000(4):56.

[7] 潘学军,吴倩.电子衍射实验数据的采集与处理[J].物理实验,2004(6):26.

[8] 邬鸿彦,朱明刚.近代物理实验[M].北京:科学出版社,1998.

[9] 郑振维,龙罗明,周春生,等.近代物理实验[M].长沙:国防科技大学出版社,1989.

三、提供仪器及材料

仪器:WDY-Ⅲ型电子衍射仪、复合真空计。

材料:火棉胶、醋酸正戊脂、甲苯、丙酮、酒精、特硬正色胶片、镊子。

四、开题报告及预习

1. 如何获得高能电子?在理论上怎样计算高能电子的波长?

2. 高能电子在什么情况下才能发生衍射现象?

3. 单晶体和多晶体的衍射图像有何区别?

4. 如何根据衍射图像计算电子波的波长?

5. 如何对电子衍射图像进行衍射指数标定?这种标定方法有何优缺点?

6. 电子衍射仪主要由哪些部分构成?各部分有何作用?

7. 如何在样品架上制作有机底膜?有何要求?

8. 在有机底膜上镀银膜时要注意什么问题?

9. 镀膜和做电子衍射时分别对系统真空度有何要求?

五、实验课题内容及指标

1. 在样品架上制作有机底膜。

2. 在样品架有机底膜上镀银膜。

3. 观察电子衍射现象，并拍下电子衍射图像。

4. 对电子衍射图像进行实验测量，验证德布罗意假设。

六、实验结题报告及论文

1. 报告实验课题研究目的。

2. 介绍实验的基本原理和实验方法。

3. 介绍实验所用的仪器装置及其操作方法。

4. 对实验数据进行处理和计算，验证德布罗意假设。

5. 报告通过本实验所得收获并提出自己的意见。

实 验 指 导

一、实验原理

1. 德布罗意假设

1905 年爱因斯坦根据普朗克的量子学说提出了光子理论：光是一种微粒——光子，每个光子具有能量 E 和动量 P，它们与光的频率 ν 和波长 λ 的关系为

$$E = h\nu = \hbar\omega \tag{1}$$

$$P = h\nu/c = h/\lambda \tag{2}$$

式中，h 为普朗克常数，$\hbar = h/2\pi = 1.054\,5 \times 10^{-34}$ J·s，$\omega = 2\pi\nu$ 表示角频率，c 为真空中的光速。

光子理论得到了许多实验事实的证明，从而确定了光的波粒二象性。在光的波粒二象性的启发下，德布罗意提出了一切微观粒子也都具有波粒二象性的假说，他认为微观粒子的能量 E 和动量 P 与平面波的频率 ν 和波长 λ 的关系应与光子的相同。

1927 年和 1928 年戴维逊、革末和汤姆孙分别用实验证实了德布罗意关于电子波的大胆假说。以后的许多实验更进一步证明，不仅电子具有波动

性，一切物质如质子、中子、α 粒子、原子、分子等都具有波动性，称为物质波或德布罗意波。

2. 理论计算电子波长

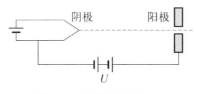

图 1　电子在电场中加速

在实验中获得具有一定能量的电子的方法是加热灯丝使其发射电子，并使电子在电场中加速获得能量。如图 1 所示。

当加速电压 U 足够大时，电子从阴极发出时的初速度可以忽略不计，又设电子到达阳极时的速度为 v，则

$$E_k = eU = m_e v^2 / 2 \qquad (3)$$

式中，e 为电子电量，m_e 为电子的静止质量，因为电子动量 $P = m_e v$，由式(2)和式(3)可得电子波的波长：

$$\lambda = \frac{h}{P} = \frac{h}{m_e v} = \frac{h}{\sqrt{2 m_e e U}} \qquad (4)$$

在实验中当加速电压很高时，静止质量为 m_e 的电子，在强电场的加速下其速度 v 很大，应考虑相对论效应，此时运动电子的质量和动能分别为

$$m = \frac{m_e}{\sqrt{1 - v^2/c^2}} \qquad (5)$$

$$E_k = mc^2 - m_e c^2 = m_e c^2 \left(\frac{1}{\sqrt{1 - v^2/c^2}} - 1 \right)$$

此时电子的动能仍由加速电压 U 决定，因此有

$$E_k = m_e v^2 \left(\frac{1}{\sqrt{1 - v^2/c^2}} - 1 \right) = eU \qquad (6)$$

由式(6)可以得出

$$v = \frac{c\sqrt{e^2U^2 + 2m_e c^2 eU}}{m_e c^2 + eU} \tag{7}$$

最后由式(5)和式(7)可得出

$$\lambda = \frac{h}{mv} = \frac{h}{m_e v}\sqrt{1 - v^2/c^2} = \frac{h}{\sqrt{2m_e eU\left(1 + \dfrac{eU}{2m_e c^2}\right)}} \tag{8}$$

将 $e = 1.602 \times 10^{-19}$ C, $h = 6.626 \times 10^{-34}$ J·s, $m_e = 9.110 \times 10^{-31}$ kg, $c = 2.998 \times 10^8$ m/s 代入式(8),可得出

$$\lambda = \frac{1.225}{\sqrt{U(1 + 0.9783 \times 10^{-6}U)}} \text{(nm)} \tag{9}$$

利用(9)式,可以计算出各种加速电压下的电子波波长 λ,表 1 列出了某些电压下的波长值。

表 1　在不同加速电压下的电子波长值

加速电压/kV	10	20	30	40	50
电子波波长/Å	0.1220	0.08584	0.06974	0.06010	0.05349

从式(9)及表 1 可以看出:

(1)电子波的波长是很短的。

(2)电子波的波长随加速电压的增大而减小。

3. 电子衍射

由于电子具有波粒二象性,那么它就应具有衍射现象,电子波的波长一般在 $10^{-8} \sim 10^{-9}$ cm 数量级,因此要求衍射光栅的光栅常数也应具有这个数量级。通过对晶体结构的研究表明:构成晶体的原子具有规则的内部排列,相邻原子间的距离一般为 10^{-8} cm 数量级,因此若一束电子穿过这种晶体薄膜,就会产生电子波的衍射现象。

原子在晶体中有规则地排列形成各种方向的平行面,每一族平行面可用密勒指数 (h, k, l) 来表示,这使电子的弹性散射波可以在一定方向相互加

强,除此之外的方向则很弱,因而产生电子衍射花样,各晶面的散射线干涉加强的条件是光程差为波长的整数倍,即布拉格公式:

$$2d\sin\theta = n\lambda \tag{10}$$

式中 λ 为入射电子的波长,d 为相邻晶面的间距,θ 为入射角,n 为整数。

电子衍射和 X 射线衍射存在以下区别:① 电子的加速电压一般为 $30\sim40\ \mathrm{kV}$,与此相应的电子波的波长比实验用的 X 射线的波长短得多,因此,电子衍射角要比 X 射线的衍射角小得多;② 电子的穿透能力比 X 射线弱得多,要观察到透过样品的衍射图像,样品必须做成很薄的膜(一般为几百埃);③ 物质对电子的散射比对 X 射线的散射强得多,因此,拍摄电子衍射照片时,曝光时间可以很短(一般为几秒钟)。

4. 电子衍射图像

从布拉格方程可以看出,衍射线在空间的分布规律是随晶胞大小和形状而变化的,在波长 λ 一定的情况下,不同晶系或不同大小的晶胞,衍射花样是不同的。

电子衍射图像对于单晶体和多晶体所得到的衍射花样具有十分明显的区别。当一电子束垂直入射到一单晶体薄膜上时,只能在某些特定方向得到符合布拉格方程的衍射线,因而得到的是衍射斑点。当晶体薄膜为多晶薄膜时,在多晶薄膜内部的各个方向上均有与电子入射线夹角为 θ 且满足布拉格公式的反射晶面,因此电子波的"反射线"形成以入射线为轴线,张角为 4θ 的衍射圆锥,如图 2、图 3 所示,在荧光屏上可观察到一个衍射圆环。在多晶薄膜内部,有许多平行晶面族(间距分别为 $d_1,d_2,d_3,\cdots$)都满足布拉格公式(它们的反射角分别为 $\theta_1,\theta_2,\theta_3,\cdots$),因此在荧光屏上可观察到一组同心衍射圆环,如图 4 所示。

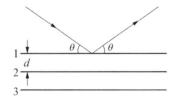

图 2　电子在晶体上的衍射

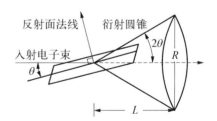

图 3　多晶体的衍射

对于不同结构的多晶物质,符合衍射加强条件的晶面是不同的,因而各种物质都有自己独特的衍射图像。因而能够根据电子衍射图像来研究物质的结构。

5. 衍射实验测量电子的波长

在电子衍射实验中,当样品为多晶薄膜时,只要能够测量出电子衍射圆环的半径,并能对其衍射指数进行标定,便能计算出电子的波长。

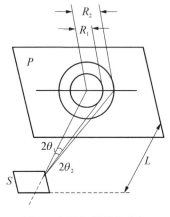

图 4　电子衍射图像分析

在图 4 中,

$$\tan(2\theta) = R/L \qquad (11)$$

式中,R 为衍射环的半径,L 为衍射距离,即样品到荧光屏的距离。

一般情况下,θ 值很小,所以有

$$\tan(2\theta) = 2\sin\theta = R/L$$

即

$$\sin\theta = R/2L \qquad (12)$$

实验中采用的样品薄膜为银的多晶体膜,属于面心立方晶体结构,相邻平行晶面间距为

$$d = a/\sqrt{h^2 + k^2 + l^2}$$

a 为晶体的晶格常数,代入布拉格公式,可得

$$\frac{2aR}{2L\sqrt{h^2 + k^2 + l^2}} = n\lambda$$

取 $n = 1$,即利用其第一级布拉格公式反射,便有

$$\lambda = \frac{aR}{L\sqrt{h^2 + k^2 + l^2}} \qquad (13)$$

面心立方体的几何结构决定了只有密勒指数 (h, k, l) 全部为奇数,或者全部为偶数时的晶格平面才能发生衍射现象。我们将面心立方可能出现反

射的晶面按 $M_n = h^2 + k^2 + l^2$ 由小到大的顺序排列,如表2所示。其中 $M_1 = h_1^2 + k_1^2 + l_1^2$,$n$ 是由衍射环中心向外数起的衍射环的序号。

表2 面心立方晶体 M_n 的顺序比

n	1	2	3	4	5	6	7	8	9	10
h,k,l	1, 1, 1	2, 0, 0	2, 2, 0	3, 1, 1	2, 2, 2	4, 0, 0	3, 3, 1	4, 2, 0	4, 2, 2	3, 3, 3 5, 1, 1
M_n	3	4	8	11	12	16	19	20	24	27
M_n/M_1	1.000	1.333	2.667	3.667	4.000	5.333	6.333	6.667	8.000	9.000

当一次实验完毕获得一张电子衍射照片后,怎样确定每一圈衍射环所对应的反射晶面指数 h,k,l 值呢? 这就要对衍射花样进行指数标定。由式(13)可知,对于同一张衍射圆环照片,镜筒长(衍射距离)L、电子波波长 λ 和晶格常数 a 应为定值,故可得到不同半径 R_n 的衍射环的比值:

$$\frac{R_1}{\sqrt{h_1^2 + k_1^2 + l_1^2}} = \frac{R_2}{\sqrt{h_2^2 + k_2^2 + l_2^2}} = \cdots = \frac{R_n}{\sqrt{M_n}} = 常量$$

或

$$\frac{R_1^2}{M_1} = \frac{R_2^2}{M_2} = \cdots = \frac{R_n^2}{M_n}$$

因此,对任一衍射环,有下列关系:

$$\left(\frac{R_n}{R_1}\right)^2 = \frac{M_n}{M_1} \tag{14}$$

即各衍射圆环的半径的平方比,等于各衍射线所对应的反射晶面的密勒指数的平方和的比。利用式(14)可将各衍射环对应的晶面指数 (h,k,l) 定出,方法是:先测出最靠近中心轴线的衍射环的半径 R_1,然后将欲定指数的某衍射环的半径 R_n 测出,计算出一个 $(R_n/R_1)^2$ 值,在表2的最后一行 (M_n/M_1) 中找出与计算值最接近(理论上应相等)的值,该值所对应的竖列中的 (h,k,l) 和 M_n 即为此衍射环所对应的晶面指数。按照这个方法能将所拍出的各个衍射环指标化,同时还可检查是否有强度较弱的衍射环漏测了。指标化以后可按式(13)计算电子的波长。

将利用德布罗意关系式计算出的电子波长与利用衍射实验测量得到的电子波长进行比较,如果相符,则验证了电子的波粒二象性。

二、实验装置

本实验采用 WDY-Ⅲ型电子衍射仪,其主要由电子枪装置、照相装置、真空系统等组成,结构如图 5 所示。

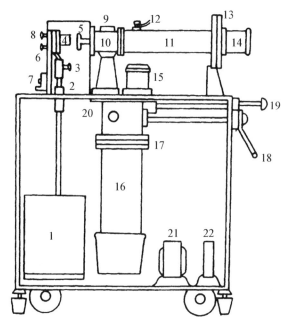

图 5 电子衍射仪的结构

1-高压电源 2-高压引线 3-紧固螺母 4-阴极 5-阳极 6-阴极支架 7-紧固螺母
8-阴极定位螺杆 9-观察窗 10-样品台 11-衍射管 12-快门 13-照相装置 14-荧光屏
15-镀膜装置 16-扩散泵 17-挡油板 18-高阀 19-低阀 20-电离规管 21-镀膜变压器
22-电流互感器

(1)电子枪装置:主要由阴极、高压电源、阴极定位螺杆等组成。阴极加热后发射电子,被阳极高压场加速射出。

(2)照相装置:由样品台、快门、镜筒、暗箱、荧光屏等组成。加速电子通过样品台上的银晶体薄膜后,在荧光屏上可观察到衍射圆环,在暗箱中可拍到电子衍射圆环图样。

(3)真空系统:主要由机械泵、扩散泵、储气筒、镀膜室、复合真空计等组成。

WDY-Ⅲ型电子衍射仪的面板如图 6 所示。

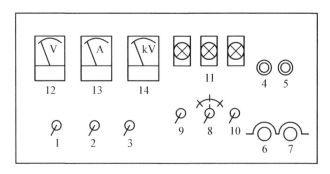

图 6　电子衍射仪面板

1-电源开关　2-扩散泵开关　3-高压开关　4、5-机械泵开关　6-高压调节
7-灯丝—镀膜调节　8-灯丝—镀膜转换　9-镀膜开关　10-灯丝开关
11-指示灯　12-灯丝电压　13-镀膜电流　14-高压指示

三、实验内容和步骤

1. 准备过程

（1）检查仪器各部分连接是否正确，然后将仪器上各开关置于"关"位，将变压器调回零。

（2）取适量火棉胶溶入醋酸正戊脂中做成火棉胶溶液，向盛水的烧杯中滴几滴该溶液，则水面上出现一层"油"膜，用样品架顺烧杯边缘插入捞起一层膜，烘干，放入镀膜室内，在用钼（Mo）材料制成舟形的蒸发源上（蒸发电极）放入银粒，盖好封盖。

（3）用特硬正色胶片在全暗条件下装入暗箱，关好封闭盖。

2. 制作银晶体镀膜

（1）打开电源开关，开机械泵，将低阀（三通阀）拉出抽真空室约 5 min 后推进低阀抽系统，同时接通冷却水，打开扩散泵开关加热约 20 min 后，低阀仍保持推拉；打开高阀（蝶阀），同时需用真空计监测真空室及系统内的真空度。

（2）当真空度达到 6.7×10^{-2} Pa 以上时，关掉真空计，将"镀膜—关—灯丝"转换开关扳向"镀膜"位置，打开镀膜开关，缓慢调节"灯丝—镀膜调节"变压器。观察到银粒一旦蒸发，马上将变压器调回零，关掉镀膜开关，"镀膜—关—灯丝"转换开关扳回"关"位置。

（3）关高阀，低阀仍处于推位，打开充气阀充气，然后打开镀膜罩盖，取出样品装到样品台上。

3. 观察衍射圆环，拍摄图样

（1）旋好镀膜罩盖，关好充气阀，拉出低阀抽真空室约 5 min 后，推进低阀抽系统，打开高阀。同时需用真空计监测真空度。

（2）待真空度达到 6.7×10^{-3} Pa 以上时，关掉真空计，将"镀膜—关—灯丝"转换开关扳向"灯丝"位置，打开灯丝开关，调节"灯丝—镀膜调节"变压器，使灯丝呈白炽状态。

（3）旋动样品架水平螺旋，使样品架退出中心位置，打开快门和高压开关，调节"高压调节"变压器至 10 kV 左右，调节阴极定位螺杆，使荧光屏上出现一个很集中的亮点。

（4）将样品架移回中心位置，调节"高压调节"变压器将电压升至 2.5 kV 左右，记录此值，从荧光屏上观察衍射圆环，关掉快门，转动暗箱内夹孔，使特硬正色胶片处于衍射管位置，再打开快门曝光 10 s 左右，可拍到电子衍射圆环图像。

（5）将"高压调节"变压器调回零，关高压；然后将"灯丝—镀膜调节"变压器调回零，关灯丝开关；关高阀，低阀处于推位，关扩散泵开关，打开充气阀，然后在全暗条件下打开暗箱，取出胶片，用黑纸包好。再关闭充气阀，盖上暗箱，拉出低阀抽真空室约 5 min 后，将低阀推进，停止机械泵，约 1 h 后关闭冷却水。

（6）对胶片进行暗室处理，印出相片。

4. 实验测量

测量各电子衍射圆环的半径 R。

四、实验数据处理

已知银晶体晶格常数 $a_{Ag} = 0.40856$ nm，镜筒长度 $L = 365$ mm，利用公式 $\lambda = \dfrac{aR}{L\sqrt{h^2 + k^2 + l^2}}$ 计算得出电子波长。

与利用公式（9）得出的电子波长进行比较，从而验证德布罗意假说的正确性。

五、实验注意事项

(1) 为了提高实验的精确度,在仪器周围应避免有较强磁场。

(2) 实验时仪器上带有高压,不要用手触摸管脚的连线。

(3) 注意防护 X 射线,观察和拍照时应尽量缩短加高压的时间。

附录　晶体学基本知识

1. 空间点阵、晶胞、晶系

晶体结构的基本特征是它的内部原子(或离子)都按一定的规则周期性地重复排列在三维空间中,例如 NaCl 便是一种晶体。而非晶体的内部原子的排列则是杂乱无章的,玻璃就是一种非晶物质。为了描述晶体中原子排列的周期性、规律性,有必要引入空间点阵(或称空间格子)的概念。所谓空间点阵就是表示晶体结构的规律性的几何图形。它是由一些相同的点子在空间(一般是三维空间)有规则地作周期性的无限分布。我们用这些点子表示原子、离子、分子或其集团的重心(其中原子、离子、分子或其集团统称为基元)。这些点子的总体称为点阵,而这些相同的点子称为结点。

1) 晶胞

不同的晶体有其各自的晶格形式。为了正确描述晶体结构,我们在晶格中划出一小部分作为一个基本单元,用来反映整个晶体的对称性和周期性,这样的一个基本单元就称为晶胞。在固体物理学中,这种基本单元只要求反映晶格的周期性。它一般是一个体积最小的平行六面体,通常称为原胞。而在结晶学中这种基本单元除了反映晶格周期性外,还要求反映晶格的对称性,所以它不一定是一个最小的重复单元,一般包括几个最小的重复单元,这种基本单元通常称为晶胞。各种晶体的晶胞大小和形状是不同的。描述晶胞大小和形状有 6 个参数,如附图 1 所示 $a, b, c, \alpha, \beta, \gamma$。其中 a, b, c 是 3 个坐标轴上的单位向量,也是构成晶胞的 3 个边长,由 a, b, c 的数值决定晶胞的大小,通常称其为晶格常数。α, β, γ 是 3 个坐标轴之间的夹角,α, β, γ 不同可以决定晶胞的不同形状。晶胞又分为简单晶胞和复晶胞,所谓简单晶胞就是除了在晶胞顶角上有原子外,在其他地方没有原子。而复晶胞除了在顶角上有原子外,在晶胞内部、棱上或面上仍有原子存在。

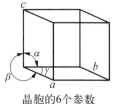   

晶胞的6个参数　　简单立方晶胞　　面心立方晶胞　　体心立方晶胞

附图 1　晶胞示意图

2) 晶系

根据 α,β,γ 的数值大小和 a,b,c 的比率不同,可以将晶体分为 7 个晶系:

立方晶系	$a = b = c$, $\alpha = \beta = \gamma = 90°$
正方晶系	$a = b \neq c$, $\alpha = \beta = \gamma = 90°$
斜方(正交)晶系	$a \neq b \neq c$, $\alpha = \beta = \gamma = 90°$
六方晶系	$a = b \neq c$, $\alpha = \beta = 90°$, $\gamma = 120°$
三角(菱面)晶系	$a = b = c$, $\alpha = \beta = \gamma \neq 90°$
单斜晶系	$a \neq b \neq c$, $\alpha = \gamma = 90°$, $\beta \neq 90°$
三斜晶系	$a \neq b \neq c$, $\alpha \neq \beta \neq \gamma \neq 90°$

每一种晶系都有自己的晶胞形状,已经证明,所有的晶胞都可以包括在 14 种晶胞形状中。

金属元素的晶体中最常见的晶胞结构类型有 3 种:① 立方晶系中的体心立方结构;② 立方晶系中的面心立方结构;③ 六方晶系中的密致六方结构。

2. 晶面、晶向、晶面指数、面间距

1) 晶面

晶面是在三维空间中把所有的晶格点连接起来构成一族彼此相互平行、距离相等的平面。这一族平面必须将所有的晶格点全部包括在这些平面上而无一例外,这一族平面称为晶面。从以上定义可以看出,晶面不是指一个单独的平面,而是一个平面族(见附图 2)。因此,晶面就是指无数多个彼此平行、距离相等的平面族。在研究晶体结构时,因为每个原子(或离子)都是分布在空间点阵的各个格点上,因此把原子所在的平面也称作晶面。

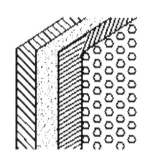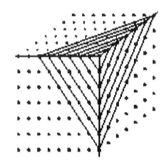

附图 2　晶面

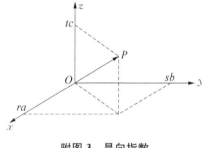

附图 3　晶向指数

2) 晶向

在晶体中任取一格子作为直角坐标的顶点,由原点 O 到晶体中某一格点 P 作一矢量 $\overrightarrow{OP}$,这一矢量就代表晶体中某一晶轴的方向,如附图 3 所示。设 P 点的坐标在 x,y,z 轴上的投影分别为 ra, sb,tc,其中 a,b,c 为 3 晶轴上的单位矢量,即 3 个方向上的晶格常数。取 m,n,p 3 个互质的整数,使满足:

$$m:n:p = r:s:t \qquad\qquad (\text{附}1)$$

m,n,p 就称为晶向指数,它代表晶轴 $\overrightarrow{OP}$ 的方向,并用方括号 $[mnp]$ 表示。因为坐标原点 O 的选择是任意的,所以 $[mnp]$ 代表与晶轴 $\overrightarrow{OP}$ 平行的所有晶轴方向。在立方晶体中,x,y 和 z 3 个轴是可以互相对换的,即 3 个轴的地位是等同的。所以 $[100]$,$[010]$,$[001]$ 和它们的反方向 $[\bar{1}00]$,$[0\bar{1}0]$, $[00\bar{1}]$ 这 6 个晶向的地位是等同的。我们有时就用 $<100>$ 来代表这 6 个中的任意一个晶向,$<100>$ 称为广义的 $[100]$ 晶向。同理,用广义的 $<110>$、 $<111>$ 晶向等来分别表示与它们同类的晶向。

3）晶面指数

标志晶面的符号称为晶面指数，用(h,k,l)表示，怎样确定晶面指数呢？我们知道，如果有一个平面ABC如附图5所示，则其平面方程为

$$\frac{x}{A}+\frac{y}{B}+\frac{z}{C}=1 \qquad (附2)$$

其中x,y,z是平面上任意一点M的坐标。这时对一般数学平面而言，然而在我们这里讨论的不是数学上的任意平面，是通过原子（在晶格点的位置上）的平面，因为晶体是按空间格子组成的，所以每一个原子的坐标与坐标轴上的周期（晶轴单位a,b,c）都成整数关系，因此

$$x=ma,\ y=nb,\ z=pc \qquad (附3)$$

式中，m,n,p都是整数（0，±1，±2，…），这些整数表示这点的坐标（x，y，z）等于周期（a，b，c）的多少倍。

将式（附3）中的x,y,z代入式（附2），得

$$m\frac{a}{A}+n\frac{b}{B}+p\frac{c}{C}=1 \qquad (附4)$$

因为a,b,c是晶格周期，而A,B,C是以周期长度为单位的线段，所以式（附4）中的$a/A,b/B,c/C$是3个有理分数。这3个有理分数的比从数学上可知它是等于简单整数比，因此可以写成

$$\frac{a}{A}:\frac{b}{B}:\frac{c}{C}=h:k:l \qquad (附5)$$

于是这3个整数h，k，l之间的关系就可以代表在原子平面与被我们选出的晶体学坐标系的特征（即原子平面对坐标轴的倾斜度）。因此可以用(h,k,l)这个符号表示出晶面的方位，通常又称(h,k,l)为晶面指数。

如何求出不同晶面指数(h,k,l)的数值呢？例如在附图4中，晶面$A_1B_1C_1$的截

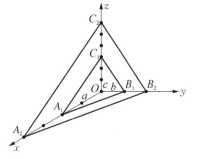

附图4　平行晶面的面指数

距具有一列数值：

$$A_1 = 2a，B_1 = b，C_1 = 3c$$

则截距的相对长度值为

$$A_1 = 2，B_1 = 1，C_1 = 3$$

作比例式：

$$\frac{a}{A_1} : \frac{b}{B_1} : \frac{c}{C_1} = \frac{1}{2} : \frac{1}{1} : \frac{1}{3} = 3 : 6 : 2$$

则数 $3 : 6 : 2$ 即为晶面 $A_1 B_1 C_1$ 的面指数，即 $h = 3，k = 6，l = 2$，用符号 $(3\ 6\ 2)$ 表示。

又如在附图 4 中的 $A_2 B_2 C_2$ 晶面，其截距的相对值为

$$A_2 = 4，B_2 = 2，C_2 = 6$$

则有比例式：

$$\frac{a}{A_2} : \frac{b}{B_2} : \frac{c}{C_2} = \frac{1}{4} : \frac{1}{2} : \frac{1}{6} = 3 : 6 : 2$$

故平面 $A_2 B_2 C_2$ 的面指数为 $(3\ 6\ 2)$。

上述两个平面的截距虽然不同，但它们的面指数 (h, k, l) 却是一样的，很显然是由于这两个平面是相互平行的。对于任何一个与上述平面相平行的平面，其面指数均为 $(3\ 6\ 2)$。因此对一个晶面族只用一个晶面指数 (h, k, l) 来表示。

综上，求面指数的方法与步骤为：① 找出晶面与坐标轴的截距，并以晶格周期为单位表示出相对值；② 算出截距数值的倒数 $1/A, 1/B, 1/C$；③ 作出第②步中的倒数的比例式 $\frac{1}{A} : \frac{1}{B} : \frac{1}{C}$；④ 将上述比例式化为 3 个简单的互质整数比，所得的 3 个整数即是该晶面的晶面指数。

4）面间距

在晶面族中，相邻的两个晶面之间的垂直距离称为面间距，一般用 d 表

示。面间距也等于由坐标原点(原点取在原子上)到此晶面族中距离原点最
近的那个晶面的垂直距离。不同的晶面有不同
的面间距,所以面间距的数值决定于面指数(h,
k,l),此外还与晶格常数有关。

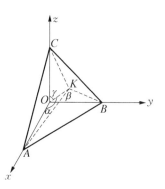

附图 5　面间距

　　下面讨论面间距 d 的表达式。如附图 5 所
示,ABC 是距坐标原点最近的一个晶面,它到坐
标原点的垂直距离是 OK,即面间距 d。设 OK 与
3 个坐标轴之间的夹角分别为 α,β,γ,则从三角形
OKA,OKB,OKC 中可以写出如下关系式:

$$\cos\alpha = \frac{OK}{OA} = \frac{d}{a/h}$$

$$\cos\beta = \frac{OK}{OB} = \frac{d}{b/k}$$

$$\cos\gamma = \frac{OK}{OC} = \frac{d}{c/l} \tag{附 6}$$

式中 a,b,c 是晶轴单位,也是晶体的晶格常数,h,k,l 是面指数。根据
余弦定理有

$$\cos^2\alpha + \cos^2\beta + \cos^2\gamma = \left(\frac{d}{a/h}\right)^2 + \left(\frac{d}{b/k}\right)^2 + \left(\frac{d}{c/l}\right)^2 = 1 \tag{附 7}$$

则

$$d = \frac{1}{\sqrt{\left(\dfrac{h}{a}\right)^2 + \left(\dfrac{k}{b}\right)^2 + \left(\dfrac{l}{c}\right)^2}} \tag{附 8}$$

对立方晶系 $a = b = c$,

则

$$d = \frac{a}{\sqrt{h^2 + k^2 + l^2}} \tag{附 9}$$

5) 晶带与晶带轴

晶体中,如果若干个晶面族都平行于某个晶向时,则这些晶面族的组合
称为晶带,该晶向称为晶带轴,晶带中的所有晶面称为晶带面。

实验四

光 泵 磁 共 振

一、实验课题意义及要求

光泵磁共振是利用光抽运效应来研究原子超精细结构塞曼子能级间的磁共振。气体原子塞曼子能级间的磁共振信号非常弱,用磁共振的方法难于观察。本实验应用光抽运、光探测的方法,既保持了磁共振分辨率高的优点,同时将探测灵敏度提高了 10 个左右数量级。此方法不仅可用于基础性研究,对于其他实用测量技术也有广泛的应用价值。光泵磁共振的基本思想是卡斯特勒(A. Kastlar)提出的,他因此荣获了 1966 年度的诺贝尔物理学奖。由于这种方法最早实现了粒子数反转,成了发明激光器的先导,所以卡斯特勒被人们誉为“激光之父”。

本实验要求了解光抽运的原理,掌握光泵磁共振实验技术,并测量气态铷(Rb)原子的 g 因子。

二、参考文献

[1] 陈杨骎,龚顺生.光抽运技术[J].物理,1981(10):585.

[2] 郑振维,龙罗明,周春生,等.近代物理实验[M].长沙:国防科技大学出版社,1989.

[3] 熊正烨,吴奕初,郑裕芳.光泵磁共振实验中测量 g_F 方法的改进[J].物理实验,2000(20):3.

[4] 仲明礼,张越,夏顺保,等.关于光泵磁共振实验中三角波扫场信号的讨论[J].物理实验,2003(6):37.

［5］　吴思诚,王祖铨. 近代物理实验(第二版)［M］. 北京：北京大学出版社,1995.

［6］　侯清润,曾蓓,张薇薇,等. 磁场对光抽运信号的影响［J］. 物理实验,2001(12)：9.

［7］　邬鸿彦,朱明刚. 近代物理实验［M］. 北京：科学出版社,1998.

［8］　林木欣. 近代物理实验教程［M］. 北京：科学出版社,1999.

［9］　刘海霞. 光泵磁共振实验探究［J］. 大学物理实验. 2005(4)：42.

［10］　张天喆,董有尔. 近代物理实验［M］. 北京：科学出版社,2004.

［11］　何元金,马兴坤. 近代物理实验［M］. 北京：清华大学出版社,2003.

［12］　褚圣麟. 原子物理学［M］. 北京：高等教育出版社,1979.

三、提供仪器及材料

光泵磁共振实验装置。

四、开题报告及预习

1. 铷原子的精细结构和超精细结构是如何形成的？

2. 外磁场对铷原子能级有何影响？

3. 观察铷原子的磁共振现象时,为什么要进行光抽运？

4. 光抽运的原理是怎样的？

5. 什么叫弛豫过程？影响弛豫过程的因素有哪些？在本实验中如何减小铷原子分布的弛豫过程？

6. 发生磁共振的条件是怎样的？实验中如何满足磁共振条件进行实验测量？

7. 实验中为什么要用光探测取代射频信号探测？

8. 光泵磁实验装置主要由哪些部分构成？各部分有何作用？

9. 在本实验中,铷样品泡的温度如过高或过低对实验有何影响？为什么？

10. 试说明扫场选用"方波"观察光抽运信号的原理。要使光抽运信号幅度最大,应该满足哪些条件?

  11. 试说明用光探测法观察磁共振信号的原理?

  12. 试说明用扫场法测量 g_F 因子的实验方案?

  13. 测定 g_F 因子时是否受到地磁场和扫场直流分量的影响? 为什么?

  14. 在本实验中如何测量地磁场的垂直分量和水平分量?

  15. 在观察磁共振信号时,如何区分光抽运信号和磁共振信号?

  16. 实验过程中如何区分 ^{87}Rb 和 ^{85}Rb 的磁共振信号?

  17. 在实验中如何确定水平磁场、扫场直流分量方向与地磁场水平分量方向的关系及垂直磁场方向与地磁场垂直分量方向的关系?

五、实验课题内容及指标

  1. 光泵磁实验装置的调整。

  2. 光抽运信号的观察。

  3. 磁共振信号的观察。

  4. 测量铷原子的 g_F 因子和地磁场的大小。

六、实验结题报告及论文

  1. 报告实验课题研究的目的。

  2. 介绍实验的基本原理和实验方法。

  3. 介绍实验所用的仪器装置及其调整方法。

  4. 对实验数据进行处理和计算,要求计算出气态铷原子的 g 因子以及地磁场大小。

  5. 报告通过本实验所得收获并提出自己的意见。

实 验 指 导

  对于固态或液态物质的波谱学,如核磁共振(NMR)和电子自旋共振(ESR),由于样品浓度大,再配合高灵敏度的电子探测技术,能够得到足够强的共振信号。可对气态原子,样品的浓度降低了几个数量级,就得采用新的方法来提高共振信号强度才能进一步进行研究。在 20 世纪 50 年代初卡斯特勒(A. Kastlar)等人提出了光抽运(optical pumping)技术。光抽运是用圆偏振光激发气态原子,以打破原子在所研究能级间的玻耳兹曼热平衡分布,造成能级间所需要的粒子数差,从而在低浓度下提高了磁共振信号强度。在探测磁共振方面,不是直接探测原子对射频量子的发射和吸收,而是采用光探测的方法,探测原子对光量子的吸收情况。因为光量子能量比射频量子能量高几个数量级,所以大大提高了探测灵敏度。光抽运、磁共振和光探测技术对微观粒子结构的研究发挥了很大的作用,如对原子磁矩、g 因子、能级结构、塞曼分裂与斯塔克分裂的研究起了很大的推动作用。而光抽运技术在激光、原子频标和弱磁场测量等方面也有重要的应用。

一、实验原理

1. 铷原子基态和最低激发态的能级

由于电子的自旋与轨道运动的相互作用而发生的能级分裂,称为原子能级的精细结构。电子的轨道角动量 P_L 与自旋角动量 P_S 合成为电子的总角动量 $P_J = P_L + P_S$。总角动量量子数 J 可取如下值: $J = L + S, L + S - 1, \cdots, |L - S|$。铷是一价碱金属原子,对于基态而言,轨道量子数 $L = 0$,自旋量子数 $S = 1/2$,只有 $J = 1/2$ 的一个态 $5^2S_{1/2}$。铷原子的最低激发态,轨道量子数 $L = 1$,自旋量子数 $S = 1/2$,J 可取 3/2 和 1/2 两个值,故对应为双重态 $5^2P_{3/2}$ 态和 $5^2P_{1/2}$ 态。在 $5P$ 与 $5S$ 能级之间产生的跃迁是铷原子主线系的第一条线,为双线,在铷灯光谱中强度特别大。$5^2P_{1/2}$ 到 $5^2S_{1/2}$ 的跃迁产生波长为 7 948 Å 的 D_1 谱线,$5^2P_{3/2}$ 到 $5^2S_{1/2}$ 的跃迁产生波长为 7 800 Å 的 D_2 谱线。

原子的价电子在 L-S 耦合中,电子的总角动量 P_J 与总磁矩 μ_J 的关系为

$$\mu_J = -g_J e P_J / (2m_e) \tag{1}$$

式中,

$$g_J = 1 + \frac{J(J+1) - L(L+1) + S(S+1)}{2J(J+1)} \qquad (2)$$

原子核也具有自旋和磁矩。原子的核磁矩与电子磁矩之间的相互作用将产生原子能级的超精细结构。铷在自然界主要有两种含量大的同位素：^{85}Rb 占 72.15%，^{87}Rb 占 27.85%。两种同位素铷的核自旋量子数是不同的，^{85}Rb 的 $I = 5/2$，^{87}Rb 的 $I = 3/2$。核自旋角动量 P_I 与电子总角动量 P_J 耦合成原子的总角动量 P_F，即 $P_F = P_I + P_J$。耦合后的总量子数 F 的取值为：$F = I+J, \cdots, |I-J|$。^{87}Rb 的基态 $J = 1/2$，$I = 3/2$，因此有 $F = 2$ 和 $F = 1$ 两个状态。^{85}Rb 的基态 $J = 1/2$，$I = 5/2$，则有 $F = 3$ 和 $F = 2$ 两个态。

原子的总角动量 P_F 与总磁矩 μ_F 之间的关系为

$$\mu_F = -g_F \frac{e}{2m_e} P_F \qquad (3)$$

式中，

$$g_F = g_J \frac{F(F+1) + J(J+1) - I(I+1)}{2F(F+1)} \qquad (4)$$

如果铷原子处在外磁场 B 中，由于原子的总磁矩 μ_F 与外磁场 B 的相互作用，原子能级还将产生附加能量：

$$E = m_F g_F \frac{e\hbar}{2m_e} B = m_F g_F \mu_B B \qquad (5)$$

式中，μ_B 为玻尔磁子，m_F 为磁量子数，其取值为 $m_F = F, F-1, \cdots, (-F)$，共有 $(2F+1)$ 个不同的取值。因此，在外磁场 B 的作用下，铷原子超精细结构中的各能级还将进一步发生塞曼分裂，分裂成 $(2F+1)$ 个塞曼子能级。各相邻塞曼子能级之间的能量差为

$$\Delta E = g_F \mu_B B \qquad (6)$$

可以看出 ΔE 与 B 成正比。当外磁场 B 为零时 $\Delta E = 0$，因此铷原子各塞曼子能级将重新简并为原来的超精细能级。

在磁场中铷原子基态和最低激发态的能级如图 1 所示。

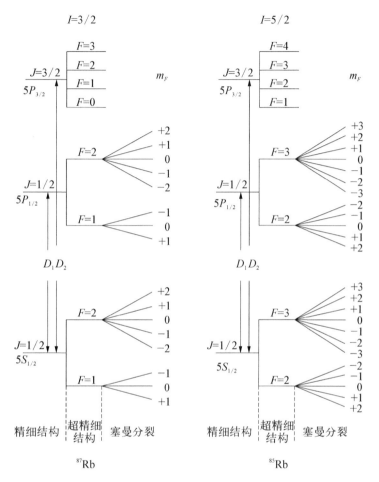

图 1　磁场中铷原子基态和最低激发态能级图

2. 光抽运效应

热平衡状态下,粒子服从玻尔兹曼分布:

$$\frac{N_2}{N_1} = \exp\left(-\frac{\Delta E_{21}}{KT}\right) \tag{7}$$

$\Delta E_{21} = E_2 - E_1$,当 $T = 50℃$ 时,铷原子的 $5^2P_{1/2}$ 与 $5^2S_{1/2}$ 相比较, $\Delta E \gg KT$,所以 $N_1 \gg N_2$,即铷原子基本处在基态 $5^2S_{1/2}$ 上。但对超精细结构的支能级(塞曼子能级)而言,因 $\Delta E \ll KT$,所以原子在各支能级上的分布是等几率的。

实验中要观察的实际上是基态塞曼子能级之间的射频磁共振。我们用射频电磁场去诱导这些子能级间的磁共振跃迁时,当有一个原子由下能级向上能级跃迁吸收一份射频能量的同时,可能就有一个原子从上能级向下能级跃迁发射一份射频能量,两者的跃迁几率是大致相等的。从宏观的效果来看,没有电磁能量的净吸收或净发射,因而也就无法检测出原子的这种共振跃迁。光抽运的作用就是要通过光激发来破坏这种热平衡分布,人为地在基态各塞曼子能级间造成显著的粒子数差,为增强射频磁共振创造条件。

一定频率的光可以激发原子间的跃迁。由于光波中磁场对电子的作用远小于电场对电子的作用,故光对原子的激发可看作是光波的电场部分起作用。当用左旋圆偏振光 $D_1\sigma^+$ 照射气态铷原子时,遵守光跃迁选择定则: $\Delta L = \pm 1; \Delta F = 0, \pm 1; \Delta m_F = +1$。对 ^{87}Rb 而言,$5^2 S_{1/2}$ 和 $5^2 P_{1/2}$ 态的塞曼子能级的 m_F 最大值都是 $+2$,因而不能激发 $5^2 S_{1/2}, F=2, m_F = +2$ 能级上的原子向上跃迁,但 $5^2 S_{1/2}$ 其余能级上的原子则能吸收 $D_1\sigma^+$ 跃迁到 $5^2 P_{1/2}$ 各子能级上,如图2(a)所示。当从 $5^2 P_{1/2}$ 向 $5^2 S_{1/2}$ 自发辐射时,$\Delta m_F = 0, \pm 1$ 的各跃迁都是可能的,因此原子几乎以相等的几率回到 $5^2 S_{1/2}$ 各子能级上,包括 $F=2, m_F = +2$ 的子能级,如图2(b)所示。这样,基态 $F=2, m_F = +2$ 上的原子数只增不减,经过多次激发和自发辐射后,大量原子被抽运到基态 $F=2, m_F = +2$ 的子能级上,形成原子在各能级间的非平衡分布,称为"偏极化"。这就是光抽运效应。

右旋圆偏振光 $D_1\sigma^-$ 有与 $D_1\sigma^+$ 光同样的作用,只不过这时光跃迁的选择定则为 $\Delta L = \pm 1; \Delta F = 0, \pm 1; \Delta m_F = -1$。因此,对 ^{87}Rb 而言,大量原子被抽运到基态 $F=2, m_F = -2$ 的子能级上。

对于 ^{85}Rb 也有类似的结果,不同之处是 $D_1\sigma^+$ 光将大量原子抽运到基态 $F=3, m_F = +3$ 的子能级上,而 $D_1\sigma^-$ 光将大量原子抽运到基态 $F=3, m_F = -3$ 的子能级上。

用不同偏振性质的 D_1 光照射铷原子,其基态各塞曼子能级的跃迁几率不同,σ^+ 与 σ^- 对光抽运有相反的作用。因此,当入射光为线偏振光(等量 σ^+

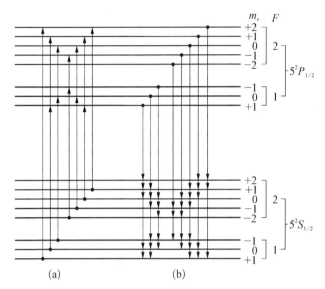

图 2 ^{87}Rb 的跃迁和辐射示意图

(a) ^{87}Rb 基态粒子吸收 $D_1\sigma^+$ 的受激跃迁,$m_F=+2$ 上粒子跃迁几率为零;

(b) ^{87}Rb 激发态粒子通过自发辐射退激回到基态各子能级

与 σ^- 的混合)时,铷原子对光有强烈的吸收,但无光抽运效应;当入射光为椭圆偏振光(不等量的 σ^+ 与 σ^- 的混合)时,光抽运效应较圆偏振光小。

3. 弛豫过程

系统由非热平衡分布状态趋向于热平衡分布状态的过程称为弛豫过程。"偏极化"和"弛豫"是两个相反的过程。本实验弛豫的微观过程很复杂,这里只提及弛豫有关的几个主要过程:

(1) 铷原子与容器壁的碰撞。这种碰撞导致子能级之间的跃迁,使原子恢复到热平衡分布,失去光抽运所造成的偏极化。

(2) 铷原子之间的碰撞。这种碰撞导致自旋—自旋交换弛豫。当外磁场为零时塞曼子能级简并,这种弛豫使原子回到热平衡分布,失去偏极化。

(3) 铷原子与缓冲气体之间的碰撞。由于选作缓冲气体的分子磁矩很小(如氮气),碰撞对铷原子状态的扰动极小,这种碰撞对铷原子的偏极化基本没有影响。

在实验过程中要保持原子分布有较大的偏极化程度,就要尽量减少原子分布返回热平衡分布的趋势。因此,可以在铷样品泡中充入 1 333 Pa 的氮气,它的密度比铷蒸气原子的密度大 6 个数量级,这样可减少铷原子与容器以及与其他铷原子的碰撞几率,从而保持铷原子分布的高度偏极化。但缓冲气体分子不可能将子能级之间的跃迁全部抑制,因此不能将粒子全部抽运到所需子能级上。一般情况下,光抽运造成塞曼子能级之间的粒子数差比玻耳兹曼分布造成的粒子数差要大几个数量级。

铷样品泡温度升高,气态铷原子密度增大,则铷原子与器壁及铷原子之间的碰撞都要增加,使原子分布的偏极化减小;而温度过低,铷蒸气原子数量不足。以上两种情况都会使共振信号幅度变小。因此,铷样品泡温度一般控制在 40~60℃ 之间。

4. 塞曼子能级间的磁共振

在外磁场 B 中,铷原子相邻塞曼子能级的能量差已由式(6)给出。在垂直于恒定磁场 B 的方向加一频率为 ν 的射频磁场 B_1,当 ν 和 B 满足条件

$$h\nu = \Delta E = g_F \mu_B B \tag{8}$$

时,在塞曼子能级之间将产生感应跃迁,称为磁共振。

感应跃迁遵守选择定则 $\Delta F = 0, \Delta m_F = \pm 1$。若作用在铷样品上的是 $D_1\sigma^+$ 光,对 ^{87}Rb 而言,被抽运到基态 $F=2, m_F=+2$ 子能级上的大量粒子将由 $m_F=+2$ 跃迁到 $m_F=+1$,进而跃迁到 $m_F=0, -1, -2$ 等各子能级上,如图 3 所示。这样,磁共振破坏了原子分布的偏极化。同时,由于 $D_1\sigma^+$ 光连续照射,原子又继续吸收入射的 $D_1\sigma^+$ 光而进行新的光抽运,这时,透过铷样品泡的 $D_1\sigma^+$ 光会变弱。随着抽运过程的进行,基态中处于非 $m_F=+2$ 子能级

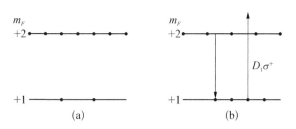

图 3 磁共振过程中 ^{87}Rb 塞曼子能级上粒子数的变化

(a) 未发生磁共振时, $m_F=+2$ 能级上粒子数较多

(b) 发生磁共振时, $m_F=+2$ 能级上粒子数减少,对 $D_1\sigma^+$ 光的吸收增加

的原子又重新被抽运到 $F=2, m_F=+2$ 子能级上。随着粒子数的重新偏极化,铷样品泡对 $D_1\sigma^+$ 光的吸收逐渐减弱,透过样品泡的光又将变强。因而,感应跃迁与光抽运将达到一个动态平衡。光跃迁速率比磁共振跃迁速率大几个数量级,因此光抽运与磁共振的过程可以连续地进行下去。^{85}Rb 也有类似的情况,只是 $D_1\sigma^+$ 光将 ^{85}Rb 抽运到基态 $F=3, m_F=+3$ 的子能级上,在磁共振时又跃迁回到 $m_F=+2, +1, 0, -1, -2, -3$ 等子能级上。

射频场频率 ν 和外磁场 B 两者可以任意固定一个,改变另一个以满足磁共振条件式(8)。固定磁场 B,改变频率 ν 的方法称为扫频法;固定频率 ν,改变磁场 B 的方法称为扫场法。

5. 光探测

入射到铷样品泡上的 $D_1\sigma^+$ 光,一方面起光抽运作用,另一方面,透射光的强弱变化反映样品物质的光抽运和磁共振过程的信息。用 $D_1\sigma^+$ 光照射铷样品泡,并探测透过样品泡的光强,就实现了光抽运—磁共振—光探测。

对磁共振信号进行光探测可大大提高检测的灵敏度。本来塞曼子能级的磁共振信号非常微弱,特别是密度很低的气体样品的信号就更加微弱,直接观察射频共振信号是很困难的。光探测方法利用磁共振时伴随着 $D_1\sigma^+$ 光强的变化,可巧妙地将一个频率较低的射频量子(1~10 MHz)转换成一个频率很高的光频量子(约 10^8 MHz)进行测量,从而使观察信号的功率提高了7~8个数量级。这样,气体样品的微弱磁共振信号的观测,便可用很简单的光探测方法来实现。

二、实验装置

本实验系统由主体单元、电源、辅助源、射频信号发生器及示波器5部分组成,如图4所示。

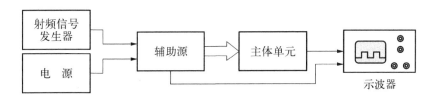

图 4　光泵磁共振实验装置方框图

1. 主体单元

主体单元是该实验装置的核心,组装在一个三角导轨(光具座)上,其基本结构主要由铷光谱灯、准直透镜、吸收池、聚光镜、光电探测器及亥姆霍兹线圈等组成。如图5所示。

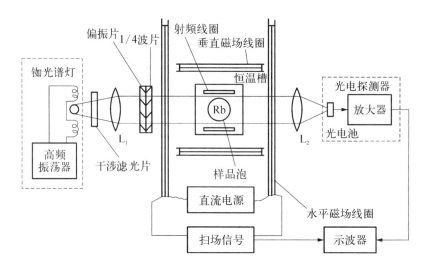

图5 光泵磁共振实验装置主体单元

光源采用高频无极放电铷灯,其优点是稳定性好、噪声小、光强大。它由高频振荡器、控温装置和铷灯泡组成。铷灯泡放置在高频振荡回路的电感线圈中,在高频电磁场的激励下产生无极放电而发光。整个振荡器连同铷灯泡放在同一恒温槽内,温度控制在90℃左右。

样品泡为一充有天然铷和惰性缓冲气体、直径约52 mm的玻璃泡。该铷泡两侧对称放置着一对小射频线圈,它为铷原子跃迁提供射频磁场。这个铷吸收泡和射频线圈都置于圆柱形恒温槽内,称它为"吸收池"。槽内温度约在55℃左右。

吸收池放置在两对亥姆霍兹线圈的中心。小的一对线圈用来产生垂直磁场,以抵消地磁场的垂直分量。大的一对线圈中间有两个绕组,一组为水平直流磁场线圈,它使铷原子的超精细能级产生塞曼分裂。另一组为扫场线圈,它使直流磁场上叠加一个调制磁场,扫场信号有方波和三角波两种,并且扫场本身带直流分量。如图6所示。

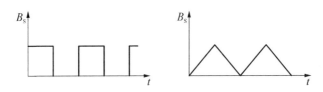

图6 扫场方波、三角波波形

光路上有两个透镜，一个为准直透镜 L_1，一个为聚光透镜 L_2，两透镜的焦距为 77 mm。准直透镜 L_1 将铷光谱灯发射的光变为平行光束，透过样品泡后，聚光透镜 L_2 将透射光再汇聚到光电探测器上。干涉滤光片（装在铷光谱灯的口上）从铷光谱中选出 D_1 光。偏振片和1/4波片（和准直透镜装在一起）使光成为左旋圆偏振光 $D_1\sigma^+$。

光电探测器由光电池和放大器构成，将通过样品泡的透射光强转换成电信号并经放大输出到示波器上。

2. 电源

电源主要为水平磁场、垂直磁场提供电流，为铷光谱灯、控温电路、扫场等提供工作电压。电源前面板装有两个调节旋钮和两个数字表，分别用于调节和指示水平场、垂直场的电流大小。

3. 辅助源

辅助源为主体单元提供三角波、方波扫场信号及温度控制电路等。辅助源上还设有水平场、垂直场和扫场的方向控制开关，铷光谱灯和吸收池的控温指示。

4. 射频信号发生器

射频信号发生器是为吸收池中的小射频线圈提供射频电流，使其产生射频磁场，激发铷原子产生共振跃迁。

5. 示波器

示波器是用来显示扫场和光电检测器输出的电压波形，从而检测光抽运信号和磁共振信号。

6. 电源、辅助源控制器面板说明（见图7）

1）电源

电源开关：打开电源的开关，辅助源和主体单元进入工作状态。

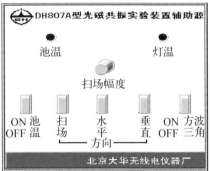

图 7　光泵磁共振实验装置电源、辅助源面板

水平磁场调节：调节"水平场"电位器，可改变水平场电流，电流的大小由其上方数字面板显示。

垂直磁场调节：调节"垂直场"电位器，可改变垂直场电流，电流的大小由其上方数字面板显示。

2）辅助源

池温开关：吸收池控温电源的通断开关。

扫场方向开关：改变扫场的电流方向（选择扫场的方向）。

水平场方向开关：改变水平场的电流方向（选择水平磁场的方向）。

垂直场方向开关：改变垂直场的电流方向（选择垂直磁场的方向）。

方波、三角波选择开关：用于扫场方式选择。

扫场幅度：调节扫场幅度大小的电位器。

灯温、池温指示：分别表示灯温、池温进入工作温度状态。

内、外转换开关（在后面板上）：内部扫场和外部扫场的选择。

三、实验内容和步骤

1. 仪器的调节

（1）借助指南针将光具座搁置成与地磁场水平分量平行。

（2）将吸收池置于垂直和水平线圈的中央，然后以吸收池为准，调节其他器件与吸收池等高准直。调节准直透镜 L_1 与聚光透镜 L_2 的位置，使其分别与铷光谱灯和光电探测器之间的距离约为 77 mm。

（3）将"垂直场"、"水平场"、"扫场幅度"旋钮调至最小，按下池温开关。然后接通电源线，按下电源开关。约 30 min 后，灯温、池温指示灯点亮，铷光谱灯点燃并发出玫瑰紫色的光，吸收池进入正常工作状态。

2. 光抽运信号的观察

扫场方式选择"方波"，选择扫场方向使其与地磁场水平分量方向"相反"，并调节扫场幅度使加在样品泡上水平方向的总磁场（水平亥姆霍兹线圈磁场不加时，由扫场与地磁场水平分量叠加而成）过零并反向。此时，塞曼能级将发生"分裂→简并→再分裂"这样一个循环过程。

对 ^{87}Rb 而言，刚分裂时，在基态各塞曼子能级上有大致相等的粒子数，大量铷原子将吸收 $D_1\sigma^+$ 光被抽运到基态 $F=2$，$m_F=+2$ 的子能级上，此时透过样品泡的光强最弱。随着大量铷原子被抽运到基态 $F=2$，$m_F=+2$ 子能级上，可吸收 $D_1\sigma^+$ 光的原子数变少，透射光增强。当基态 $F=2$，$m_F=+2$ 能级上的原子达到饱和时，透过样品泡的光强达到最大值。简并时，铷原子分布由于碰撞等导致自旋方向混杂而失去了偏极化，所以重新分裂后各塞曼子能级上的粒子数又近乎相等，对 $D_1\sigma^+$ 光的吸收又达到最大值，透过样品泡的光强则又为最弱。而后又逐渐增至最强。这样，只要旋转 1/4 波片与偏振片的夹角即可观察到光抽运信号。

为了使观察到的光抽运信号幅度最大，应该使 1/4 波片的光轴与偏振片的偏振方向之间的夹角为 $\pi/4$，以获得圆偏振光；同时还应调整垂直磁场的大小和方向，使其正好抵消地磁场的垂直分量，以消除地磁场垂直分量对实验的影响。

改变扫场幅度或水平线圈磁场，使加在样品泡上水平方向的总磁场过零位置不同，可观察到各种光抽运信号。如图 8 所示。

3. 磁共振信号的观察

光抽运信号反映两个能带（分别由 $5^2S_{1/2}$ 和 $5^2P_{1/2}$ 分裂而成）间的光学跃迁，磁共振信号则反映塞曼子能级间的射频跃迁。磁共振同样也破坏了粒子分布的偏极化，从而引起新的光抽运。这两种信号都是通过探测透过样品泡的光强变化来实现的。所以，从探测到的光强变化如何鉴别所发生的是单纯光抽运过程，还是磁共振过程引起的，实验时要根据它们的产生条件来设法区分。

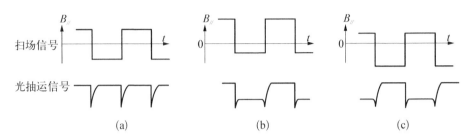

图 8　各种不同的水平方向总磁场 $B_{/\!/}$ 下的光抽运信号

(a) $B_{/\!/}=0$ 在方波中心　(b) $B_{/\!/}=0$ 接近方波最低值　(c) $B_{/\!/}=0$ 接近方波最高值

观察磁共振信号时,本实验采用扫场法,扫场方式选择"三角波"。每当磁场值与射频频率 ν 满足共振条件式(8)时,塞曼子能级间产生磁共振,铷原子分布的偏极化被破坏,产生新的光抽运。

对于确定的频率 ν,改变磁场值可以获得 ^{87}Rb 或 ^{85}Rb 的磁共振。为了分辨是 ^{87}Rb 还是 ^{85}Rb 参与磁共振,可以根据它们与偏极化有关能态的 g_F 因子不同加以区分。

4. 测量 g_F 因子和地磁场的大小

用"三角波"扫场,固定射频场频率 ν,将水平线圈磁场 B_0 方向置为"同"(注:"同"即与地磁场水平或垂直分量方向相同,"反"则反之),扫场线圈磁场 B_S 方向亦置为"同",调节水平线圈磁场 B_0 的大小,测出磁共振信号出现于三角波底部时所对应的水平线圈磁场 B_{01}(见图 9(a));改变水平线圈磁场 B_0 的方向,即为"反",扫场线圈磁场 B_S 方向不变,仍为"同",调节水平线圈磁场 B_0 的大小,当磁共振信号出现在三角波的相同位置时,测出此时的水平线圈磁场 B_{02}(见图 9(b))。保持水平线圈磁场 B_0 的方向不变,仍为"反",改变扫场线圈磁场 B_S 的方向,即为"反",调节水平线圈磁场 B_0 的大小,当磁共振信号出现在三角波的相同位置时,测出此时的水平线圈磁场 B_{03}。

注意此时满足共振条件的磁场 B 应为加在样品泡上水平方向的总磁场 B_H,由 3 部分构成:水平线圈产生的磁场 B_0、扫场线圈产生的磁场 B_S 及地磁场水平方向的磁场 $B_{d/\!/}$,即 $B_H = B_0 + B_S + B_{d/\!/}$。

由图 9(a)有:$B_H = B_{01} + B_S + B_{d/\!/}$ \hfill (9)

由图 9(b)有:$B_H = B_{02} - B_S - B_{d/\!/}$ \hfill (10)

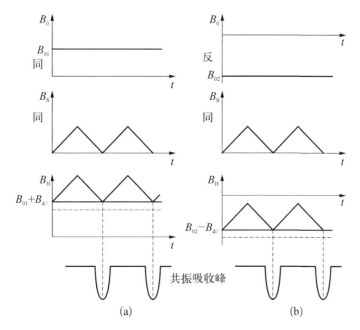

图9 铷原子 g_F 因子的测量

1) 计算 g_F 因子

由式(9)和式(10)可得消除地磁场影响的满足磁共振条件的水平磁场大小为

$$B_H = (B_{01} + B_{02})/2 \tag{11}$$

$$B_0 = \frac{16\pi}{5^{3/2}} \cdot \frac{NV}{rR} \times 10^{-7} = 4.496 \frac{NV}{rR} \times 10^{-7} (T) \tag{12}$$

式中,N 为水平线圈每边匝数;r 为线圈的有效半径,单位为 m;R 为每个线圈的电阻;V 为每个线圈的两端的电压。

根据式(8)可得

$$g_F = \frac{h\nu}{\mu_B B_H} = \frac{2h\nu}{\mu_B (B_{01} + B_{02})} \tag{13}$$

2) 测量地磁场的大小

地磁场垂直分量 $B_{d\perp}$ 的测量。用方波或三角波扫场,让垂直线圈磁场与地磁场垂直分量方向相反,调节垂直线圈磁场大小使光抽运信号或共振信号幅度最大,此时的垂直线圈磁场 $B_\perp$ 即等于 $B_{d\perp}$。垂直线圈磁场 $B_\perp$ 的大小同样可按照式(12)进行计算。

地磁场水平分量可由下式计算得出

$$B_{d//} = (B_{03} - B_{01})/2 \tag{14}$$

则总地磁场大小为

$$B_d = \sqrt{B_{d//}^2 + B_{d\perp}^2} \tag{15}$$

四、实验数据处理

(1) 由实验结果分别计算不同频率下的 Rb[87] 和 Rb[85] 的 g_F 值,然后再各自取平均值作为实验测量值,并与理论值进行比较。(注意区分 Rb[87] 和 Rb[85] 所对应的 B_0)。

(2) 先分别计算地磁场的垂直分量和水平分量的大小,然后再计算总地磁场的大小。

实验五

光谱感光板的特性曲线

一、实验课题意义及要求

光谱感光板具有极广泛的使用范围,在 $0.01 \sim 13\,000$ Å 的光谱范围内都可以用它作为光的接收器和记录器。虽然由于近代科学技术的发展,在某些方面已经利用光电测光装置来代替感光板记录光的信息,但是一般的光电测光装置只能局部地反映出照射光的强度,却不能得到一个完整的形象。照相方法在近代科学技术中仍占有极重要的地位。近年来,虽然彩色照相已被广泛地使用,但在科学技术领域中,主要还是利用黑白照相作为记录光学信息的主要手段,本实验就是以光谱感光板作为研究对象的。

为了能够得到良好的照片,尤其是当利用照相方法进行光谱定量分析时,多用光谱感光板,这就必须了解它的性能。这种性能可以由它的特性曲线表现出来。本实验将通过光谱感光板特性曲线的测定来了解它的性能。

本实验要求了解光谱感光板的特性,掌握用时间标法制作感光特性曲线,并利用感光特性曲线来测定氢氘灯中氢氘的含量比,同时学会测微光度计等仪器的使用方法。

二、参考文献

[1] 清华大学分析化学教研室. 现代仪器分析(上册)[M].北京:清华大学出版社,1983.

［2］　魏继中. 光谱化学分析［M］.呼和浩特：内蒙古人民出版社，1978.

三、提供仪器及材料

仪器：平面光栅摄谱仪、测微光度计。

材料：光谱感光板、氢灯、氢氘灯、显影液、定影液。

四、开题报告及预习

1. 光谱感光板由哪些部分组成？各部分有何作用？

2. 光谱感光板上影像的形成主要经过哪些步骤？

3. 什么叫曝光量？曝光量的大小由哪些因素决定？

4. 什么叫光谱感光板的光学密度？光谱感光板的光学密度跟它所接受的曝光量之间有什么关系（即光谱感光板的特性曲线）？

5. 什么叫反差？光谱感光板的反差有何物理意义？

6. 如何制作光谱感光板的感光特性曲线？有哪些方法？

7. 测微光度计的基本结构和工作原理是怎样的？

8. 如何正确使用测微光度计测量光谱感光板上光谱线的黑度？要注意哪些问题？

9. 如何利用光谱感光板的特性曲线来测量氢氘灯中氢和氘的含量比？

五、实验课题内容及指标

1. 用时间标法制作光谱感光板的感光特性曲线。

2. 测量氢氘灯中氢氘的含量比。

六、实验结题报告及论文

1. 报告实验课题研究的目的。

2. 介绍实验的基本原理和实验方法。

3. 介绍实验所用仪器装置的基本原理和操作方法。

4. 对实验数据进行处理和计算，要求算出所用光谱感光板的反差和氢氖灯中氢氖的含量比。

5. 报告通过本实验所得收获并提出自己的意见。

实 验 指 导

一、实验原理

1. 光谱感光板上影像形成的过程

光谱感光板主要由两部分组成：片基和感光层。光谱感光板的片基是平板玻璃，感光层是由溴化银、明胶和增感剂组成。感光层厚约 $10\sim25~\mu m$。溴化银是感光物质，它以直径为 $0.1\sim3~\mu m$ 的微细晶粒分散在明胶中，因而明胶为支持剂。增感剂的作用是提高感光层的灵敏度和扩大感色范围。

感光层中影像形成过程主要可分 3 步：光谱感光板的曝光、显影和定影。下面介绍这 3 个过程的简单机理。

（1）曝光。以溴化银的曝光过程为例。溴化银分子是由负离子 Br^- 和正离子 Ag^+ 组成的。在光的作用下，光子由溴离子中扯出一个电子，这一电子与银离子结合后，就产生一中性的银原子。其化学过程如下

$$Br^- + h\nu \rightarrow Br + e^-$$

$$e^- + Ag^+ \rightarrow Ag（中性的）$$

在光的作用下，只是溴化银晶粒表面和某一部分产生金属银。这部分被光所还原的金属银就在光谱感光板上形成了隐蔽像，称之为"潜像"。显然照射光越强，或者说照射在光谱感光板上的光子数目越多，则形成"潜像"的溴化银晶粒也越多。

（2）显影。当把曝过光的光谱感光板放入显影液中时，在溴化银表面上的一部分被光所还原的金属银将成为"显影中心"。在显影过程中，整个晶粒就从"显影中心"开始还原，逐渐向溴化银晶粒的整体上扩张。最后，整个晶粒都被还原。

（3）定影。在显影之后，那些被还原的黑色晶粒就组成了一定形象的影像。但未感光的晶粒在显影后将不发生任何变化，若经过长时间的强光照射，这些未感光的晶粒也会变黑，这样就会破坏原来的影像。在定影时，那些没有感光，即没还原的溴化银晶粒将溶解在定影液中。

最后还应指出，在显影和定影之后，感光板都应该经过清水的冲洗，尤其是在定影之后，必须用流动的清水冲洗 10～15 min，用清水冲洗的目的在于清除感光板上残存的化学药品，以利于保存，冲洗不足也会造成日久以后影像变色或衰退。

2. 光谱感光板的感光特性

光谱感光板的特性可以由特性曲线（S - $\lg H$）表示出来，或者由感光速度、反差等量来表示。

1）特性曲线

（1）曝光量。光谱感光板受光作用的大小，不但与照射在它上面的光的强（照）度 A 的强弱有关，而且与曝光所经历的时间 t 的长短有关。我们用"曝光量"来描述光谱感光板受光作用的大小。因此曝光量的定义为

$$H = A \cdot t \tag{1}$$

式（1）表明，在一定的照度 A 下，改变曝光时间可以得到不同的曝光量 H。

（2）光谱感光板的光学密度。光谱感光板受到不同曝光量作用的部分在显、定影后表现出不同的透明程度。透明程度的大小和乳胶层中被还原的黑色晶粒的多少有关，黑色晶粒越密，则光谱感光板的透明度就越小。

光谱感光板的透明程度可用"透射率"表示。假设有一束光，强度为 I_0，经光谱感光板透射后强度为 I_1，则透射率 T 的定义为

$$T = \frac{I_1}{I_0} \tag{2}$$

但是，在照相感光学中用来说明光谱感光板透射情况的不是透射率，而是光谱感光板的"光学密度"（简称为"密度"或"黑度"），光学密度 S 的定义为

$$S = \lg \frac{1}{T} = \lg \frac{I_0}{I_1} \tag{3}$$

（3）光谱感光板密度与曝光量的关系——光谱感光板的特性曲线。在感光学中，光谱感光板的密度和它的曝光量的关系常用密度与曝光量的对数的关系曲线来表示，为了确定这一关系曲线，必须在被测光谱感光板的不同部位给予不同的曝光。经显、定影后就可以得到一系列不同密度的影像。它们的密度值可用测微光度计（又名黑度计）测定。如果与不同密度相对应的诸曝光量为已知时，密度和曝光量的关系曲线就很容易确定。曲线形状如图 1 所示。这一曲线又称 S - $\lg H$ 曲线。

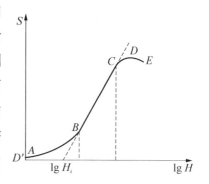

图 1 感光板的特性曲线

S - $\lg H$ 曲线可分为 4 部分。AB 部分表示密度的增加比曝光量的增加要慢得多，这部分称为"曝光不足"。也就是说，被拍照的物体各部分明暗差别很大，但在光谱感光板上的像的各部分明暗差别不大。这是曝光量过小的情况。第二部分 BC 大致是条直线，表示密度与曝光量的对数成正比。这是正常曝光区域，也就是我们在一般情况下所利用的区域。第三部分 CD 的特点与 AB 相类似，但密度都较大。因属于曝光量过大的区域，所以称为"曝光过度"。最后部分 DE 的情况与前面恰恰相反，曝光量越大的反而密度越小，这称为"负感现象"。在通常情况下，曝光量达不到如此程度，因此它没有什么实际意义。

曲线左端水平部分表示不使光谱感光板曝光而光谱感光板就具有一定的密度，它称为"灰雾密度"D'。曲线的直线部分延长线与横轴的交点称为惰性点，对应的曝光量 H_i 称为惰延量。一般用它来反映光谱感光板的灵敏度（即最小的曝光量），而将直线段 BC 在横轴上的投影范围叫做光谱感光板的展度，以反映感光适用的曝光范围。

2）反差

在特性曲线的直线部分上，光谱感光板的密度和它所接受的曝光量的对

数成比例。其两点间的密度差与曝光量对数值的差的比值叫做光谱感光板的反差 γ。即

$$\gamma = \frac{\Delta S}{\Delta(\lg H)} \tag{4}$$

式中，ΔS 为密度差，$\Delta(\lg H)$ 为相应的曝光量对数值的差。当坐标轴选取的单位长度相同时，γ 值等于曲线的直线部分的斜率：

$$\gamma = \tan\alpha$$

γ 值表现出在一定的曝光量的差别情况下，光谱感光板上影像的明暗对比的差别大小。当 γ 值越大时，影像的明暗差别越大，反之就小。

在通常情况下，物体的亮度按等比级数增加时，视觉感觉到的物体的亮度（心理亮度）的改变只按等差级数增加。当实际亮度增加到 10 倍时，视觉的心理亮度增加一倍。因此，当 $\gamma = 1$ 时，光谱感光板上的影像的明暗对比与视觉感觉到的原物体的明暗对比相同。当 $\gamma < 1$ 时，光谱感光板影像的明暗差别比原物的心理亮度对比弱一些；当 $\gamma > 1$ 时，则比原物的心理亮度对比强些。因此，使光谱感光板得到恰当的反差值（$\gamma = 1$）是有重要意义的。

光谱感光板的反差不仅与其本身的特性有关，而且还与显影条件有关。如显影液的配方，显影时的温度和显影时间的长短等都将影响感光板的反差值。因此选择不同的显影液配方，改变显影液的温度或改变显影时间均能对反差起到控制的作用。

由式(4)与图 1 还可以得到，在正常曝光情况下，曝光量和光谱感光板的密度之间的关系为

$$S = \gamma(\lg H - \lg H_i) \tag{5}$$

3）感光速度

感光速度是表示光谱感光板性能的重要标志，它表示出了对光的作用的敏感程度。如曝光量较小即可得到较大的密度时，则光谱感光板较敏感，亦即感光速度较大。而表示感光速度大小的数值有各种规定方法，我国目前采

用 DIN 制。

4）光谱灵敏度

溴化银乳胶的固有感光范围是在光谱的紫蓝色区，当加入某种增感剂时，其感光可扩大到绿色区，这种乳胶称之为"正色性乳胶"。如果利用增感剂能使光谱感光板的感光扩展到红色区，则乳胶对整个可见光谱区都能感光，称之为"全色性乳胶"。

不同的感色性能，适用于不同的技术要求。如我们使用的光谱感光板，就有紫外型、蓝快型、蓝硬型、蓝特硬型、黄快型、红特硬和红快型等。有时由于光谱感光板生产厂家的生产技术不同，虽然感色型号相同，它们的实际光谱灵敏度也可能不同。因此在很多科学技术照相中，常常需要知道光谱感光板的光谱灵敏度。

为了确定光谱感光板的光谱灵敏度，通常是在摄谱仪狭缝的前面放置一个中性的光楔或阶梯减光板，则在摄谱仪中光谱感光板的不同光谱区域得到不同程度的阶梯感光。对感光板不同光谱区（如对红光、绿光和蓝光 3 个光谱区）可作出不同的特性曲线，这种曲线称之为"感色灵敏度曲线"。它是以光谱感光板的密度 S 为纵轴，以相对曝光量的对数 $\lg H$ 为横轴作出的曲线。如图 2 所示。

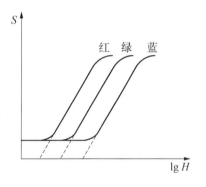

图 2 感色灵敏度曲线

3. 感光特性曲线的制作

由于各种光谱感光板的性质、保存的时间、显影、定影过程均不同。光谱感光板的特性又随波长而变，各个波段又有各自的感光特性曲线。使用光谱感光板时，常常需要光谱感光板在使用波长的 γ 值、正常曝光范围等参数，故制作感光特性曲线是科研生产中经常遇到的工作。

如图 1 所示，感光特性曲线的横轴涉及曝光量 H，而 H 由光强 I 及曝光时间 t 两者决定，故特性曲线的制作方法分为两类：一类是固定曝光时间改变光强的方法，另一类是保持光强度不变而改变曝光时间的方法。前者称为强度标法，后者称为时间标法。

1) 改变光强度制作感光特性曲线

在实际工作中通常用阶梯减光板法和谱线组法。本实验仅介绍阶梯减光板法。

阶梯减光板是用一块薄水晶片,在片上不同部位沉积密度不同的铂层,这是用真空镀膜将铂蒸发而喷涂上去的。由于各部位铂层的密度不同而形成透射率不同的所谓阶梯。有三阶梯、六阶梯、九阶梯等,其中用九阶梯减光板制作感光特性曲线最为方便。本实验所用的即为九阶梯减光板,其中间有七阶喷涂有不同密度的铂层,其余上下两个阶没有铂层,即透过率为 100%(见表 1),是用以检查减光板照明均匀程度的。减光板装在摄谱仪狭缝前的光阑板上,摄谱时按实验室所给条件拍出中间不同强度的七阶感光板,即可根据其相应黑度绘出 $S-\lg H$ 特性曲线。

表 1   九阶梯减光板各阶透射率

阶　　数	1	2	3	4	5	6	7	8	9
透射率 $T\%$	100	72.3	49.5	35.2	26.5	16.8	12.4	8.9	100

2) 改变曝光时间制作感光特性曲线

改变曝光时间制作感光特性曲线通常采用移动摄谱仪暗箱法,在一张光谱感光板上,按不同时间拍摄一系列谱线,则选某一波长的谱线,测出它相应的黑度,即可作出光强不变的 $S-\lg t$ 曲线。

二、测微光度计使用方法简要说明

测微光度计是一种精密仪器,使用前必须经过相应的调节过程,为保证适应较多用途和测量的精度与方便,仪器装置上有相当多的调节机构。在本实验中不可能也不必掌握全部调节机构,故只将测量中最主要的调节过程和要求扼要概述如下,学生课前应清楚地了解调节要求和原理,至于具体操作细节,在仔细预习的基础上可以在课堂上由教师指导进行。

1. 工作原理和基本结构

光源发出的光线,经过待测谱板射到屏幕,屏幕中央有一狭缝,光射入狭缝后落在光电池上。光电池的光生电动势使电流计偏转,可以从偏转大小指示出待测谱板的黑度。

　　仪器的结构如图3所示。1是光源,由稳压电源供电,经过一系列聚光系统后由聚光镜2聚在待测感光板3上,然后由投影镜4把照亮的感光板成像在屏幕5上。屏幕中央有一狭缝6,它的缝宽、缝高和缝的方位都可调节。光射入狭缝后经过一个光闸7,它可以控制使光线全部通过或全部不通过。然后又经过两个减光板8,9,可以按所需比例减弱光线强度。8可以连续精细调节,9只能分段粗调。最后光射到光电池10上,光电池和电流计相连。电流计的小镜11的偏转读数是用一套光学系统反射并成像在屏幕12上的。电流计的机械零点可以调节,标尺有3个,可以根据需要使用。本实验选用S标尺。

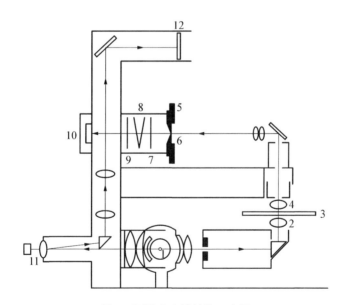

图3　测微光度计结构示意图

1-光源　2-聚光镜　3-光谱感光板　4-投影镜　5-屏幕　6-狭缝　7-光闸
8-减光板(细调)　9-减光板(粗调)　10-光电池　11-电流计小镜　12-屏幕

　　此外为减少杂散光射入狭缝,还有一个遮光滤光片,装在光源附近,它由聚光镜成像在感光板上,再由投影镜(和谱线同时)成像在屏幕上,使得只有透过待测部分的光线才能射入狭缝,其余部分被滤光片大大减弱,而不致因漫射而射入狭缝。

测量时感光板是放在感光板台上的,感光板台可前后左右移动。前后移动只能粗调,左右移动既可粗调也可细调,并且可以读数。

2. 调节要求和测量方法

(1) 检查仪器上的水准泡是否在中央(通常已由实验室调好)。

(2) 调节聚光镜和投影镜。要求谱板清晰地成像在屏幕上,同时还要求遮光滤光片也清晰地成像在屏幕上。调节时,先将感光板固定在台上,点亮光源,然后再调投影镜 4 使谱板清晰成像,再调聚光镜 2 使遮光滤光片成像清晰。

(3) 调节谱板平台。要求① 无论平台怎样左右前后移动(即光线通过感光板的不同部分),始终保持谱板成像清晰。② 平台左右移动时,谱线在屏上的像不会因左右移动而发生上下移动。对于①,成像不清的原因是感光板到投影镜的距离随着平台的移动而改变;对于②,是由于谱板在台上没有放正。为此,平台可以从 3 个方向调节,平台的一个角是固定的,另外 3 个角都由调节螺丝支承。因而它可以分别以 X,Y,Z 3 个轴作微小的转动,以满足①,②的要求。通过一定的顺序反复检验和调节,直到满足上述两点要求为止。

(4) 调节零点。光闸 7 关闭时黑度 S 的读数应为最大。若光线是通过没有谱线的地方(如在两谱线之间)时,读数应为黑度 $S=0$。调节零点可按以下方法进行:先将谱板移动到待测谱线附近的空白处对准狭缝,开启光闸 7,逐渐加大缝高(不超过谱线的 2/3)和缝宽(缝宽是根据谱板拍摄情况而确定的),同时调节减光板 9,调节时注意标尺读数的变化,直到黑度读数接近 $S=0$,然后再细调减光板 8,使黑度读数为零。

(5) 狭缝和遮光滤光片方位的调节。要求狭缝和谱线的像平行,滤光片的边缘也和谱线平行。

(6) 测量谱线黑度。要求测出读数最大部分的黑度(即测出谱线的最黑部分)。测时令谱线中心几乎与缝重合,但稍有偏离。用细调螺旋逐步微微移动谱板,读出最大黑度,作为测量数据。

(7) 在测九阶减光板和用阶梯扇板拍摄的谱板黑度时,应注意选择每阶层的同一位置,最好是靠近每阶层谱线的中间位置。不要有的测中间黑度,有的测边缘黑度。

3. 仪器的维护与注意事项

(1) 测微光度计是精密仪器,须仔细维护,一切调节、操作必须轻而慢。注意保持各个部分的清洁,特别是光学元件不得污损。

(2) 谱板的黑度变化范围很大,有时光太强会使电流计过载而损坏。为此在调节时必须先将减光板 8,9 放在光线衰减最强(黑度最大,但 8,9 的刻度为最小),缝高也放在最小,以保证不至于太强。使用完毕必须将光闸 7 关闭。

4. 氢氘灯中氢和氘含量比的测量原理

在光谱定量分析中,一般采用内标法,设被测的元素含量为 C,与之对应的谱线强度为 I,则谱线强度 I 和元素含量 C 的关系为

$$I = aC^b \tag{6}$$

式中,b 为自吸系数,当元素含量不太高时,$b \approx 1$(无自吸)。而 a 是与激发光源的性能、蒸发条件有关的常量。

如果我们在同一条件下拍摄了氢—氘的巴尔末线系中的 α 谱线,设氢和氘的含量各为 C_H 和 C_D,则氢的谱线强度 I_H 为

$$I_H = aC_H^b \approx aC_H \tag{7}$$

而氘的谱线强度 I_D 为

$$I_D = aC_D^b \approx aC_D \tag{8}$$

而根据上述的光谱感光板特性曲线图 1 和式(5)可知,光谱谱线在光谱感光板上感光后产生的黑度 S 与反差 γ 和曝光量 H 有关,而 $H = A \cdot t$,A 为谱线的照度,即为谱线强度 $I(A = I)$,所以式(5)可改写为

$$S = \gamma(\lg H - \lg H_i) = \gamma(\lg I \cdot t - \lg H_i)$$
$$= \gamma(\lg I + \lg t - \lg H_i) = \gamma\left(\lg I + \lg \frac{t}{H_i}\right) \tag{9}$$

上式中 H_i 为常量。拍摄氢—氘的 α 谱线时曝光时间 t 相同,在光谱感光板上氢谱线的黑度 S_H 为

$$S_H = \gamma\left(\lg I_H + \lg \frac{t}{H_i}\right) \tag{10}$$

而氘谱线的黑度 S_D 为

$$S_D = \gamma\left(\lg I_D + \lg \frac{t}{H_i}\right) \tag{11}$$

氢一氘谱线的黑度差 ΔS 为

$$\Delta S = S_H - S_D = \gamma(\lg I_H - \lg I_D) = \gamma\left|\lg \frac{I_H}{I_D}\right| = \gamma\lg\frac{C_H}{C_D} \tag{12}$$

所以,在同一光谱感光板上以相同的曝光时间 t,拍摄 α 的氢一氘谱线,然后利用感光板的特性曲线得到 γ 值,并用测微光度计测出两谱线的黑度差 ΔS,即可得氢一氘的含量比为

$$\frac{C_H}{C_D} = 10^{\frac{\Delta S}{\gamma}} \tag{13}$$

三、实验内容和步骤

(1) 利用平面光栅摄谱仪,在同一光谱感光板上拍摄氢的巴尔末线系中的 α 谱线(或者铁谱中波长为 6 495 Å 的谱线),要求采用上述改变曝光时间的时间标方法,选定 5 次不同的曝光时间,其他摄谱条件也需自行确定好,并操作摄谱仪进行摄谱。

(2) 利用平面光栅摄谱仪,在同一光谱感光板上再拍摄氢氘灯的巴尔末线系中 α 谱线,自行确定好摄谱条件,并操作摄谱仪进行摄谱,最后将光谱感光板送暗室显影、定影和冲洗、吹干。

(3) 熟悉并掌握测微光度计的使用方法:将所拍摄好的谱板放在光度计的测试台上,在光屏幕上狭缝完全关闭的情况下,调节光度计,使屏幕上的谱线清晰。谱板横向、纵向移动时,投影在光屏上的谱线不变形并同步保持横向、纵向移动。再调节光度计(此时屏幕上狭缝打开)使光通过感光板上未曝光部分时使黑度 S 读数为零。最后分别测量待测谱线的黑度。

四、实验数据处理

利用实验测量所得的 5 组 S 和 t 的数据，建立 S-$\lg t$ 的坐标系，用最小二乘法原理对实验数据进行线性拟合求出反差 γ，并计算反差 γ 的误差及相关系数。然后再利用氢、氘的黑度 S_H 和 S_D 计算氢氘含量比 C_H/C_D，并计算其误差。

实验六

霍尔传感器实验

一、实验课题意义及要求

霍尔传感器是基于霍尔效应原理而将被测量物理量如电流、磁场、位移、压力、压差、转速等转换成电动势输出的一种传感器。虽然它的转换率较低、温度影响大,要求转换精度较高时必须进行温度补偿,但霍尔传感器结构简单、体积小、坚固、频率响应宽(从直流到微波)、动态范围(输出电动势的变化)大、无触点、使用寿命长、可靠性高、易于微型化和集成电路化,因此在测量技术、自动化技术和信息处理等方面得到广泛的应用。

掌握霍尔效应原理,了解霍尔元件在工业上的应用;了解霍尔传感器直流激励工作原理和工作状况;了解霍尔传感器在交流激励下的工作原理和状况;利用霍尔元件设计电子秤。

二、参考文献

[1] 张天喆,董有尔.近代物理实验[M].北京:科学出版社,2004.

[2] 刘恩山,卢光华.霍尔传感器的应用[J].仪表技术与传感器,1993(3):14-16.

[3] 郑一相.霍尔传感器及其应用[J].电子产品世界,1996(6):37-38.

[4] 李路明.提高霍尔器件检测灵敏度的一种方法[J].无损检测,1998,(20)8:219-221.

[5]　张欣,陆申龙.新型霍尔传感器的特性及在测量与控制中的应用[J].大学物理,2002,(21)10:28-31.

三、提供的仪器与材料

CSY 系列传感器实验综合实验仪,示波器,计算机。

四、开题报告及预习

1. 霍尔效应原理。

2. 如何提高霍尔元件灵敏度。

3. 霍尔效应有哪些副效应,产生原因及如何消除其影响。

4. 霍尔传感器直流激励与交流激励原理。

5. 磁场与霍尔元件平面法线方向不一致,对测量结果有什么影响,如何用实验的方法去判断是否一致。

6. 考虑现实生活中是否接触过霍尔传感器,或者霍尔传感器可能应用到什么地方。

五、实验课题内容及要求

1. 掌握霍尔效应原理,熟悉传感器综合测试仪。

2. 霍尔传感器直流激励特性测试。

(1) 正确连线,仔细调节仪器,熟悉传感器联机软件操作。

(2) 测量位移-电压关系曲线,尽量获得线性度好,灵敏度高的曲线结果。

3. 霍尔传感器交流激励特性测试。

(1) 正确连线,结合示波器观察差动放大器,相敏检波器,低通滤波器输出端波形,仔细调节仪器。

(2) 测量位移-电压关系曲线,尽量获得线性度好、灵敏度高的曲线结果。

4. 利用霍尔传感器制作简单的电子秤。

六、实验结题报告及论文

1. 报告实验课题研究目的。

2. 介绍实验基本原理和实验方法。

3. 介绍实验所用仪器装置及其操作步骤。

4. 对实验数据按照课题内容与要求进行处理和计算。

（1）计算直流激励条件下的灵敏度 S，并作出电压-位移关系曲线。

（2）计算交流激励条件下的灵敏度 S，并作出电压-位移关系曲线。

（3）利用所制作的电子秤，作出相应的重量-电压关系曲线。

5. 报告通过本实验所得收获并提出自己的意见。

实 验 指 导

一、实验原理

1. 霍尔效应

霍尔效应是霍尔于 1879 年发现的。随后，根据该效应生产的霍尔器件，既可以检测磁场，也可以检测电流，还可以检测位移、振动以及其他只要能转换成位移量变化的非电量的物理量。同时霍尔器件还具有线性特性好，灵敏度高，稳定性好，控制简单、方便等特点。所以，霍尔器件在自动检测、自动控制和信息技术等方面得到了广泛的应用。如在一些具有四遥（遥调、遥控、遥测、遥信）功能的设备上，霍尔效应产品随处可见。随着我国四个现代化的逐步实现，霍尔器件的应用将会更为广泛。

一块长方形金属薄片或半导体薄片，若在某方向上通入电流 I_H，在其垂直方向上加一磁场 B，则在垂直于电流和磁场的方向上将产生电位差 U_H，这个现象称为"霍尔效应"。U_H 称为"霍尔电势"。霍尔发现这个电位差 U_H 与电流强度 I_H 成正比，与磁感应强度 B 成正比，与薄片的厚度 d 成反比，即

$$U_H = R_H \frac{I_H B}{d} \tag{1}$$

式中，R_H 为霍尔系数，它表示该材料产生霍尔效应能力的大小。

霍尔电势的产生可以用洛伦兹力来解释。霍尔效应从本质上讲是运动的带电粒子在磁场中受洛伦兹力的作用而引起的偏转。当带电粒子被约束在固体材料中，这种偏转就导致在垂直电流和磁场的方向产生正负电荷在不同侧的聚集，从而形成附加的横向电场。

如图 1 所示，将一块厚度为 d、宽度为 b、长度为 L 的半导体薄片(霍尔片)放置在磁场 B 中，磁场 B 沿 z 轴正方向。当电流沿 x 轴正方向通过半导体时，若薄片中的载流子(设为自由电子)以平均速度 $\bar{v}$ 沿 x 轴负方向做定向运动，所受的洛伦兹力为

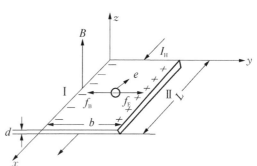

图 1　霍尔效应原理图

$$f_B = e\bar{v}\,B \tag{2}$$

在 f_B 的作用下自由电子受力偏转，结果向板面"Ⅰ"积聚，同时在板面"Ⅱ"上出现同数量的正电荷。这样就形成一个沿 y 轴负方向上的横向电场，使自由电子在受沿 y 轴负方向上的洛伦兹力 f_B 的同时，也受一个沿 y 轴正方向的电场力 f_E。设 E 为电场强度，U_H 为霍尔片Ⅰ，Ⅱ面之间的电位差(即霍尔电势)，则

$$f_E = eE = e\frac{U_H}{b} \tag{3}$$

f_E 将阻碍电荷的积聚，最后达稳定状态时有

$$f_B = f_E \tag{4}$$

即

$$evB = e\frac{U_H}{b} \tag{5}$$

或

$$U_H = vBb \tag{5}$$

设载流子浓度为 n，单位时间内体积为 $v \cdot d \cdot b$ 里的载流子全部通过横截面，则电流强度 I_H 与载流子平均速度 v 的关系为

$$I_H = vdbne \quad 或 \quad v = \frac{I_H}{dbne} \tag{6}$$

将式(6)代入式(5)得

$$U_H = \frac{1}{ne} \cdot \frac{I_H B}{d} \tag{7}$$

式中，$\frac{1}{ne}$ 即为前述的霍尔系数 R_H。其大小反映出霍尔效应的强弱，根据电阻率公式，$\rho = 1/ne\mu$，可得到 $R_H = \rho\mu$，ρ 为材料的电阻率，μ 为材料的迁移率，即单位电场作用下载流子的运动速度。一般电子的迁移率大于空穴的迁移率，因此制作霍尔元件时多采用 n 型半导体材料。

考虑霍尔片厚度 d 的影响，引进一个重要参数 K_H，$K_H = \frac{1}{ned}$，则式(5)可写为

$$U_H = K_H I_H B \tag{8}$$

K_H 称为霍尔元件的灵敏度。它表示在单位磁感应强度和单位控制电流下霍尔电势的大小，其单位是 $[mV/(mA \cdot T)]$，一般要求 K_H 越大越好。由于金属的电子浓度很高，所以它的霍尔系数或灵敏度都很小，不适宜做霍尔元件。此外元件厚度越薄，灵敏度越高，因此在制作霍尔元件时，厚度可以适当减小，但不能太薄，因为此时元件的输入输出电阻也相应增加，导致最终效果并不理想。

2. 霍尔电势的特性及测量

从式(8)便可看出霍尔电势的特性为：

(1) 在一定的工作电流 I_H 下，霍尔电势 U_H 与外磁场磁感应强度 B 成正比。这就是霍尔效应检测磁场的原理。

$$B = \frac{U_H}{K_H I_H} \tag{9}$$

(2) 在一定的外磁场中,霍尔电势 U_H 与通过霍尔片的电流强度 I_H(工作电流)成正比。这就是霍尔效应检测电流的原理。

$$I_H = \frac{U_H}{K_H B} \tag{10}$$

伴随霍尔效应还存在其他几个副效应,给霍尔电势的测量带来附加误差。例如,由于测量电势的两电极位置不在同一等位面上而引起的电位差 U_0 称为不等位电位差。U_0 的方向随电流方向而变,与磁场无关。另外还有几个副效应引起的附加误差 U_E, U_N, U_{RL}。由于这些电位差的符号与磁场、电流方向有关。因此在测量时只要改变磁场、电流方向就能减小和消除这些附加误差,故取$(+B, +I_H)$、$(+B, -I_H)$、$(-B, -I_H)$、$(-B, +I_H)$ 4 种条件下进行测量,将测量到的 4 个电压值取绝对值平均,作为 U_H 的测量结果。

3. 霍尔效应的主要用途

应用霍尔效应不仅可以测量磁场和电流,还可以用来测量其他非电量。例如,保持流过霍尔元件的电流恒定,使霍尔元件在已知的梯度磁场中移动,则霍尔电势的大小就能反映磁场的变化,因而也就反映出位移的变化。在此情况下,利用霍尔效应可以测量微小位移和机械振动等。其他任何非电量,只要能转换成位移量的变化,根据上述原理均可应用霍尔元件制成的变换器进行自动检测。

4. 霍尔效应的副效应及其消除方法

在测量霍尔电压时,会伴随产生一些副效应,影响到测量的精确度,这些副效应是:

1) 不等位效应

由于制造工艺技术的限制,霍尔元件的电位极不可能接在同一等位面上,因此,当电流 I_H 流过霍尔元件时,即使不加磁场,两电极间也会产生一电位差,称不等位电位差 U_0,显然,U_0 只与电流 I_H 有关,而与磁场无关。

2) 埃廷豪森效应(Etinghausen Effect)

由于霍尔片内部的载流子速度服从统计分布,有快有慢,由于它们在磁场中受的洛伦兹力不同,则轨道偏转也不相同。动能大的载流子趋向霍尔片的一侧,而动能小的载流子趋向另一侧,随着载流子的动能转化为热能,使两侧的温升不同,形成一个横向温度梯度,引起温差电压 U_E,U_E 的正负与 I_H,B 的方向有关。

3) 能斯特效应(Nernst Effect)

由于两个电流电极与霍尔片的接触电阻不等,当有电流通过时,在两电流电极上有温度差存在,出现热扩散电流,在磁场的作用下,建立一个横向电场 E_N,因而产生附加电压 U_N。U_N 的正负仅取决于磁场的方向。

4) 里纪-勒杜克效应(Righi-Leduc Effect)

由于热扩散电流载流子的迁移率不同,类似于埃廷豪森效应中载流子速度不同一样,也将形成一个横向的温度梯度而产生相应的温度电压 U_{RL},U_{RL} 的正、负只与 B 的方向有关,和电流 I_H 的方向无关。

综上所述,由于附加电压的存在,实测的电压,既包括霍尔电压 U_H,也包括 U_0,U_E,U_N 和 U_{RL} 等这些附加电压,形成测量中的系统误差来源。但我们利用这些附加电压、电流和磁感应强度 B 的方向有关,测量时改变 I_H 和 B 的方向基本上可以消除这些附加误差的影响。具体方法如下:

当($+B$,$+I_H$)时测量,$U_1 = U_H + U_0 + U_E + U_N + U_{RL}$ (11)

当($+B$,$-I_H$)时测量,$U_2 = -U_H - U_0 - U_E + U_N + U_{RL}$ (12)

当($-B$,$-I_H$)时测量,$U_3 = U_H - U_0 + U_E - U_N - U_{RL}$ (13)

当($-B$,$+I_H$)时测量,$U_4 = -U_H + U_0 - U_E - U_N - U_{RL}$ (14)

式(10)－式(11)＋式(12)－式(13)并取平均值,得

$$U_H + U_E = \frac{1}{4}(U_1 - U_2 + U_3 - U_4)$$

可见,这样处理后,除埃廷豪森效应引起的附加电压外,其他几个主要的附加电压全部被消除了。但因 $U_E \ll U_H$,故可将上式写为

$$U_H = \frac{1}{4}(U_1 - U_2 + U_3 - U_4)$$

即 $$U_{\mathrm{H}} = \frac{1}{4}(\mid U_1 \mid + \mid U_2 \mid + \mid U_3 \mid + \mid U_4 \mid)$$

值得注意的是,以上讨论都是在磁场方向与电流方向垂直的条件下进行的,这时霍尔电势最大,因此测量时应使霍尔片平面与被测磁感应强度 B 的方向垂直,这样的测量才能得到正确的结果。若磁感应强度与元件平面法线成一定角度 θ 时,此时作用于霍尔元件上的有效磁场是其法线方向的分量:

$$U_{\mathrm{H}} = K_{\mathrm{H}} I_{\mathrm{H}} B \cos\theta \tag{15}$$

另外,当控制电流或磁感应强度两者之一改变方向时,霍尔电势的方向随之改变;若两者方向同时改变,则霍尔电势的极性不变。

二、实验内容

本实验使用 CSY 系列传感器系统综合实验仪,该仪器由试验台、激励源、显示面板和处理电路等 4 部分组成。

1. 霍尔传感器直流激励特性测试(见图 2)

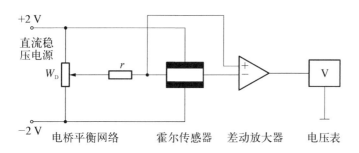

图 2 霍尔传感器直流激励特性测试电路

实验所需部件:霍尔传感器、直流稳压电源、差动放大器、电桥平衡网络、测微器、V/F 表,计算机。

注意事项:注意霍尔元件最好处于环形磁铁的中间;直流激励电压不能过大(±2 V 档),以免烧坏霍尔片;本实验所测出的为磁场的分布情况,其线性越好,位移测量的线性度也就越好;其变化越陡,位移测量的灵敏度就越大。

实验步骤:

(1) 按照图 2 所示电路,将霍尔传感器、直流稳压电源、电桥平衡网络、差动放大器、数字电压表连接组成测量电路。

（2）转动测微器，使霍尔元件处于环形磁铁中间位置，并以此为零点。

（3）开启电源，差动放大器调零；直流稳压电源置±2 V 档，差动放大器增益调于中间位置，调节电桥平衡电位器 W_D，尽量使 20 V 量程数字电压表显示最小，稳定数分钟后，电压表量程置于 2 V 档，再仔细调零。

（4）上下转动测微头±4 mm，使梁的自由端位移，并以计算机联机软件记录数字电压表显示的数据。每位移 0.2 mm 记录一次电压数值，根据所得结果计算灵敏度 S。$S = \Delta V / \Delta X$，（电压变化值/位移量），并作出 $V\text{-}X$ 关系曲线。

2. 霍尔传感器交流激励特性测试（见图 3）

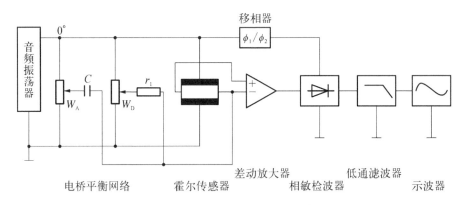

图 3　霍尔传感器交流激励特性测试电路

实验所需部件：霍尔传感器、差动放大器、电桥平衡网络、音频振荡器、移相器、相敏检波器、测微器、V/F 表、低通滤波器、双踪示波器、计算机。

注意事项：音频振荡器输出交流激励信号控制其 $V_0 \leqslant 5\,\text{V}$，以免烧毁霍尔片。

实验步骤：

（1）按照图 3 所示电路，连接测量线路，示波器探头根据需要分别接至差动放大器、相敏检波器与低通滤波器输出端。

（2）开启电源，差动放大器调零；从音频振荡器插口取出频率为 2 kHz，电压小于 5 V 的交流激励信号。

（3）转动测微器，使霍尔片处于环形磁铁中间位置，并以此为零点。调整电桥平衡电位器 W_D 和 W_A，使差动放大器的输出为最小（示波器观察），稳定数分钟后，再仔细调零，使数字电压表指示为零。

（4）向上转动测微器 2 mm，使霍尔片上移。调整移相器电位器，使数字电压表指示为最大（绝对值），同时观察相敏检波器输出端的输出波形。

（5）测微器退回到零点，若此时读数偏离零点，重复调整 W_D 和 W_A，使数字电压表指示为零。

（6）上下转动测微器 ± 4 mm，使梁的自由端位移，并以计算机联机软件记录数字电压表显示的数据。每位移 0.2 mm 记录一次电压数值，根据所得结果计算灵敏度 S。$S = \Delta V / \Delta X$，（电压变化值/位移量），并作出 V-X 关系曲线。

实验七

激光椭圆偏振仪测薄膜厚度及折射率

一、实验课题意义及要求

　　椭圆偏振法是研究两媒质界面或薄膜中发生的现象及其特性的一种光学方法,其原理是利用偏振光束在界面或薄膜上的反射或透射时出现的偏振变换。椭圆偏振测量的应用范围很广,如半导体、光学掩膜、圆晶、金属、介电薄膜、玻璃(或镀膜)、激光反射镜、大面积光学膜、有机薄膜等,也可用于介电、非晶半导体、聚合物薄膜、用于薄膜生长过程的实时监测等测量。结合计算机后,具有可手动改变入射角度、实时测量、快速数据获取等优点。

　　本实验要求了解椭圆偏振法测量薄膜厚度与折射率的原理,掌握自动椭圆偏振测厚仪的结构和使用方法,精确测量不同半导体、金属等薄膜的厚度与折射率。

二、参考文献

　　[1]　林木欣.近代物理实验教程[M].北京:科学出版社,1999.

　　[2]　母国光,战元龄.光学[M].北京:人民教育出版社,1978.

　　[3]　陈篮,周岩.膜厚度测量的椭偏仪法原理分析[J].大学物理实验,1999,(12)3:10-13.

　　[4]　吴永汉,窦菊英.椭偏法测膜厚的直接计算方法[J].物理实验,1998,18(1):11-13.

　　[5]　包学诚.椭偏仪的结构原理与发展[J].现代科学仪器,1999(3):

58 - 61.

[6] 王卉,莫党.椭圆偏振测量技术的发展和应用[J].华南理工大学学报(自科版),1996,24(增刊):39 - 44.

三、提供的仪器与材料

SGC-Ⅱ型自动椭圆偏振测厚仪,计算机,Si 衬底上的 SiO$_2$ 膜片,其他玻璃衬底半导体薄膜片(TiO$_2$,CdS 等),ITO,FTO 透明导电玻璃,介质透光膜等。

四、开题报告及预习

1. 椭偏法的基本原理。

2. 椭偏仪的基本结构。

3. 椭偏方程中 ψ 和 Δ 的具体物理意义。

4. 如何测量 ψ 和 Δ 值。

5. 1/4 波片的作用及等幅椭圆偏振光如何获得。

6. 如何利用 ψ 和 Δ 计算薄膜厚度与折射率。

7. 如何理解根据 ψ 和 Δ 计算得到的厚度只是第一周期厚度以及周期厚度值的计算。

8. 用椭偏仪测薄膜的厚度和折射率时,对薄膜有何要求。

9. 考虑椭偏仪测量中可能的误差来源及对结果的影响。

五、实验课题内容及要求

1. 熟悉椭偏法的工作原理。

2. 熟悉 SGC-Ⅱ型自动椭圆偏振测厚仪的基本结构及软件操控界面。

3. 用 SGC-Ⅱ型自动椭圆偏振测厚仪准确测量多种薄膜的厚度与折射率。

(1) 测硅衬底上二氧化硅膜的折射率和厚度。已知衬底硅的复折射率为 $n_3 = 3.85 - i0.02$,取入射角 $\varphi_1 = 7\pi/18$。二氧化硅膜只有实部,膜厚在第一周期内。测出起偏角和检偏角后,利用绘图法、建表法或直接使用快速法求出 n_2 和 d,将几种方法的结果进行对比。并计算膜的一个周期厚度值 d_0。

（2）测玻璃衬底上的 TiO_2，CdS 等半导体薄膜的厚度与折射率。先测量无膜玻璃衬底的折射率，包括折射率实部与消光系数。取入射角 $\varphi_1 = 7\pi/18$。然后根据测得的参数继续测量半导体薄膜的起偏角与检偏角，利用绘图法、建表法或直接使用快速法求出 n_2 和 d，将几种方法的结果进行对比。并各自计算其周期厚度值 d_0。

（3）测量厚度可能超过一个周期厚度的 FTO 透明导电玻璃薄膜。先测无膜玻璃衬底折射率。然后以双角度测量的方式，先取入射角 $\varphi_1 = 7\pi/18$，测量该薄膜的起偏角与检偏角，并计算其 n_2, d, d_0。然后再取入射角 $\varphi_1 = \pi/3$，再次测量薄膜起偏与检偏角，计算在该角度的 n_2, d, d_0，并与上个角度的值相比对，得出薄膜的真实厚度。

六、实验结题报告及论文

1. 报告实验课题研究目的。

2. 介绍实验基本原理和实验方法。

3. 介绍实验所用仪器装置及其操作步骤。

4. 对实验数据按照课题内容与要求进行处理和计算。

（1）根据 SiO_2 薄膜的起偏角，检偏角计算得到其厚度与折射率与周期厚度值。

（2）TiO_2，CdS 等半导体薄膜的厚度、折射率与周期厚度。

（3）对于可能超过一个厚度周期的 FTO 薄膜的双角度测量，各自的厚度与折射率及周期厚度。

5. 报告通过本实验所得收获并提出自己的想法。

实 验 指 导

一、实验原理

椭圆偏振法简称椭偏法，是一种先进的测量纳米级薄膜厚度的方法。椭偏法的精度很高，比一般的干涉法测量要高一至两个数量级，测量灵敏度也很高，可以探测生长中的薄膜小于 1 Å 的厚度变化。利用椭偏法可以测量薄膜的厚度和折射率,也可以测定材料的吸收系数或金属的复折射率等光学参数,而且在测量过程中不破坏被测样品。因此,椭偏法在半导体材料、光学、化学、生物学和医学等领域有着广泛的应用。椭偏法原理几十年前就已被提出,但由于计算过程太复杂,一般很难直接从测量值求得方程的解析解。直到广泛应用计算机以后,才使该方法具有了新的活力。目前,该方法的应用仍处在不断的发展中。而且经过几十年的不断改进,已从手动进入到全自动、变入射角、变波长和实时监测。

椭偏法测量基本原理是:利用起偏器获得线偏振光,经过取向一定的1/4波片后成为特殊的椭圆偏振光,将该束椭圆偏振光投射到待测薄膜样品表面上时,反射光的偏振状态(振幅和相位)将随着薄膜的厚度和折射率不同而变化。而且可以通过调整起偏器的透光方向,反射出来的光线可以变成线偏振光。通过测定与偏振状态有关的、投射在薄膜上的入射光中平行于入射面的 P 分量和垂直入射面的 S 分量的反射系数比,进而确定与薄膜厚度、折射率相关的光学参量。

1. 椭偏方程与薄膜折射率、厚度的测量

图 1 所示为一光学均匀和各向同性的单层介质膜。它有两个平行的界面,通常,上部是折射率为 n_1 的空气(或真空)。中间是一层厚度为 d 折射率为 n_2 的介质薄膜,下层是折射率为 n_3 的衬底,介质薄膜均匀地附在衬底上,当一束光射到膜面上时,在界面 1 和界面 2 上形成多次反射和折射,并且各反射光和折射光分别产生多光束干涉。其干涉结果反映了膜的光学特性。

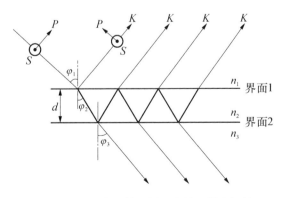

图 1　入射光束在待测样品上的反射和折射

设 φ_1 表示光的入射角,φ_2 和 φ_3 分别为在界面 1 和界面 2 上的折射角。按照折射定律有

$$n_1 \sin\varphi_1 = n_2 \sin\varphi_2 = n_3 \sin\varphi_3 \tag{1}$$

光波的电矢量可以分解成在入射面内振动的 p 分量和垂直于入射面振动的 s 分量。根据折射定律及菲涅耳(Fresnel)反射系数公式,可求得 p 分量和 s 分量在界面 1 上的复振幅反射率分别为

$$r_{1p} = \frac{n_2 \cos\varphi_1 - n_1 \cos\varphi_2}{n_2 \cos\varphi_1 + n_1 \cos\varphi_2} = \frac{\tan(\varphi_1 - \varphi_2)}{\tan(\varphi_1 + \varphi_2)}$$

$$r_{1s} = \frac{n_1 \cos\varphi_1 - n_2 \cos\varphi_2}{n_1 \cos\varphi_1 + n_2 \cos\varphi_2} = -\frac{\sin(\varphi_1 - \varphi_2)}{\sin(\varphi_1 + \varphi_2)} \tag{2}$$

而在界面 2 处则有

$$r_{2p} = \frac{n_3 \cos\varphi_2 - n_2 \cos\varphi_3}{n_3 \cos\varphi_2 + n_2 \cos\varphi_3}$$

$$r_{2s} = \frac{n_2 \cos\varphi_2 - n_3 \cos\varphi_3}{n_2 \cos\varphi_2 + n_3 \cos\varphi_3} \tag{3}$$

式中,r_{1p} 或 r_{1s} 和 r_{2p} 或 r_{2s} 分别为 p 或 s 分量在界面 1 和界面 2 上一次反射的反射系数。

由图 1 中可看出,入射光在两个界面上有多次的反射和折射,总反射光束是许多反射光束干涉的结果。若用 E_{ip} 和 E_{is} 分别代表入射光的 p 和 s 分量,用 E_{rp} 及 E_{rs} 分别代表各束反射光 K_0,K_1,K_2,… 中电矢量的 p 分量之和及 s 分量之和,则膜对两个分量的总反射系数 R_p 和 R_s 定义为

$$R_p = E_{rp}/E_{ip}$$

$$R_s = E_{rs}/E_{is} \tag{4}$$

利用多光束干涉理论,可得 p 分量和 s 分量的总反射系数为:

$$R_p = \frac{r_{1p} + r_{2p}\exp(-2i\delta)}{1 + r_{1p}r_{2p}\exp(-2i\delta)}$$

$$R_s = \frac{r_{1s} + r_{2s}\exp(-2i\delta)}{1 + r_{1s}r_{2s}\exp(-2i\delta)} \tag{5}$$

式中，2δ 为任意相邻两束反射光之间的位相差：

$$2\delta = \frac{4\pi d}{\lambda}n_2\cos\varphi_2 = \frac{4\pi d}{\lambda}\sqrt{n_2^2 - n_1^2\sin^2\varphi_1} \tag{6}$$

式中，λ 为真空中的波长，d 和 n_2 为介质膜的厚度和折射率。

　　光束在反射前后的偏振状态变化可以用总反射系数比 R_p/R_s 来表征。在椭圆偏振法测量中，为了简便，通常引入另外两个物理量 ψ 和 Δ 来描述反射光偏振态的变化。它们与总反射系数的关系定义为

$$\tan\psi \cdot \exp(i\Delta) = \frac{R_p}{R_s} \tag{7}$$

式(7)简称为**椭偏方程**，其中的 ψ 和 Δ 称为椭偏参数（由于具有角度量纲也称椭偏角）。

　　结合以上各式可以看出，参数 ψ 和 Δ 是 $n_1, n_2, n_3, \varphi_1, \lambda$ 和 d 的函数，其中 n_1, n_3, λ 和 φ_1 可以是已知量，如果能从实验中测出 ψ 和 Δ 的值，原则上就可以算出薄膜的折射率 n_2 和厚度 d，这就是椭圆偏振法测量的基本原理。然而，从以上各式却无法解析出 $d = (\psi, \Delta)$ 和 $n_2 = (\psi, \Delta)$ 的具体形式，因此只能先按以上各式用计算机算出在 n_1, n_3, λ 和 φ_1 一定的条件下 $(\psi, \Delta)\backsim(d, n)$ 的关系图表，等测出待测薄膜的 ψ 和 Δ 值后，再从图表上查出相应的厚度 d 和 n（即 n_2）值。

　　实际上，究竟 ψ 和 Δ 的具体物理意义是什么，如何测出它们以及测出后又如何得到 n_2 和 d，均须作进一步的讨论。

　　2. ψ 和 Δ 的物理意义

　　用复数形式表示入射光和反射光的 p 和 s 分量：

$$E_{ip} = |E_{ip}|\exp(i\theta_{ip}) \qquad E_{is} = |E_{is}|\exp(i\theta_{is})$$
$$E_{rp} = |E_{rp}|\exp(i\theta_{rp}) \qquad E_{rs} = |E_{rs}|\exp(i\theta_{rs}) \tag{8}$$

式中，各绝对值为相应电矢量的振幅，各 θ 值为相应界面处的位相。

由式(8),式(7)和式(4)式可以得到

$$\tan\psi \cdot e^{i\Delta} = \frac{|E_{rp}||E_{is}|}{|E_{rs}||E_{ip}|}\exp\{i[(\theta_{rp}-\theta_{rs})-(\theta_{ip}-\theta_{is})]\} \quad (9)$$

比较等式两端即可得

$$\tan\psi = |E_{rp}||E_{is}|/(|E_{rs}||E_{ip}|) \quad (10)$$

$$\Delta = (\theta_{rp}-\theta_{rs})-(\theta_{ip}-\theta_{is}) \quad (11)$$

式(10)表明,参量 ψ 与反射前后 p 和 s 分量的振幅比有关。而式(11)表明,参量 Δ 与反射前后 p 和 s 分量的位相差有关。可见,ψ 和 Δ 直接反映了光在反射前后偏振态的变化。一般规定,ψ 和 Δ 的变化范围分别为 $0\leqslant\psi<\pi/2$ 和 $0\leqslant\Delta<2\pi$。

当入射光为椭圆偏振光时,反射后一般为偏振态(指椭圆的形状和方位)发生了变化的椭圆偏振光(除 $\psi<\pi/4$ 且 $\Delta=0$ 的情况)。为了能直接测得 ψ 和 Δ,须将实验条件作某些限制以使问题简化。也就是要求入射光和反射光满足以下两个条件:

(1) 要求入射在膜面上的光为**等幅椭圆偏振光**(即 p 和 s 两分量的振幅相等)。这时,$|E_{ip}|/|E_{is}|=1$,式(10)则简化为

$$\tan\psi = |E_{rp}|/|E_{rs}| \quad (12)$$

(2) 要求反射光为一线偏振光。也就是要求 $\theta_{rp}-\theta_{rs}=0$(或 π),式(11)则简化为

$$\Delta = -(\theta_{ip}-\theta_{is}) \quad (13)$$

满足后一条件并不困难。因为对某一特定的膜,总反射系数比 R_p/R_s 是一定值。式(8)决定了 Δ 也是某一定值。根据式(11)可知,只要改变入射光两分量的位相差 $(\theta_{ip}-\theta_{is})$,直到其大小为一适当值(具体方法见后面的叙述),就可以使 $(\theta_{rp}-\theta_{rs})=0$(或 π),从而使反射光变成一线偏振光。利用一检偏器可以检验此条件是否已满足。

以上两条件都得到满足时,式(12)表明,$\tan\psi$ 恰好是反射光的 p 和 s

分量的幅值比，ψ 是反射光线偏振方向与 s 方
向间的夹角，如图 2 所示。式(13)则表明，Δ 恰
好是在膜面上的入射光中 s 和 p 分量间的位
相差。

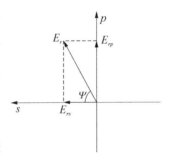

**图 2　Ψ 与反射光偏振
方向的关系**

3. ψ 和 Δ 的测量

实现椭圆偏振法测量的仪器称为椭圆偏振
仪(简称椭偏仪)。它的光路原理如图 3 所示。
氦氖激光管发出波长为 632.8 nm 的自然光，先
后通过起偏器 Q，1/4 波片 C 入射在待测薄膜 F 上，反射光通过检偏器 R 射
入光电接收器 T。如前所述，p 和 s 分别代表平行和垂直于入射面的两个方
向。快轴方向 f，对于负晶体是指平行于光轴的方向，对于正晶体是指垂直
于光轴的方向。t 代表 Q 的偏振方向，f 代表 C 的快轴方向，t_r 代表 R 的偏振
方向。

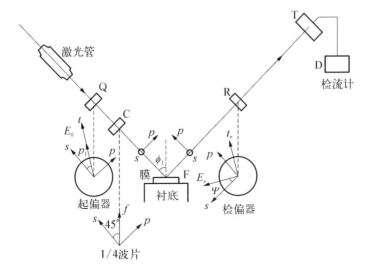

图 3　椭偏仪光路原理
(从 Q，C 和 R 用虚线引出的 3 个插图都是迎光线看去的)

无论起偏器的方位如何，经过它获得的线偏振光再经过 1/4 波片后一般
成为椭圆偏振光。为了在待测膜面上获得 p 和 s 两分量等幅的椭圆偏振光，
只需转动 1/4 波片，使其快轴方向 f 与 s 方向的夹角 $\alpha = \pm \pi/4$ 即可(参看后
面)。为了进一步使反射光变成为一线偏振光 E，可转动起偏器，使它的偏振

方向 t 与 s 方向间的夹角 P_1 为某些特定值。这时,如果转动检偏器 R 使它的偏振方向 t_r 与 E_r 垂直,则仪器处于消光状态,光电接收器 T 接收到的光强最小,检流计的示值也最小。本实验中所使用的椭偏仪,可以直接测出消光状态下的**起偏角 P_1 和检偏角 ψ**。从式(13)可见,要求出 Δ,还必须求出 P_1 与 $(\theta_{ip} - \theta_{is})$ 的关系。

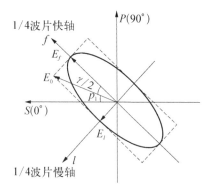

图 4 椭偏光的获得

下面就上述的等幅椭圆偏振光的获得及 P_1 与 Δ 的关系作进一步的说明。如图 4 所示,设已将 1/4 波片置于其快轴方向 f 与 s 方向间夹角为 $\pi/4$ 的方位。E_0 为通过起偏器后的电矢量,P_1 为 E_0 与 s 方向间的夹角(以下简称起偏角)。令 γ 表示椭圆的开口角(即两对角线间的夹角)。由晶体光学可知,通过 1/4 波片后,E_0 沿快轴的分量 E_f 与沿慢轴的分量 E_l 比较,位相上超前 $\pi/2$。用数学式可以表达成

$$E_f = E_0 \cos\left(\frac{\pi}{4} - p_1\right) e^{i\frac{\pi}{2}} \tag{14}$$

$$E_l = E_0 \sin\left(\frac{\pi}{4} - P_1\right) \tag{15}$$

从它们在 p 和 s 两个方向的投影可得到 p 和 s 的电矢量分别为

$$E_{ip} = E_f \cos\frac{\pi}{4} - E_l \cos\frac{\pi}{4} = \frac{\sqrt{2}}{2} E_0 e^{i\left(\frac{3\pi}{4} - p_1\right)} \tag{16}$$

$$E_{is} = E_f \sin\frac{\pi}{4} - E_l \sin\frac{\pi}{4} = \frac{\sqrt{2}}{2} E_0 e^{i\left(\frac{\pi}{4} + p_1\right)} \tag{17}$$

由式(16)和式(17)看出,当 1/4 波片放置在 $+\pi/4$ 角位置时,的确在 p 和 s 两方向上得到了幅值均为 $\sqrt{2}E_0/2$ 的椭圆偏振入射光。p 和 s 的位相差为

$$\theta_{ip} - \theta_{is} = \frac{\pi}{2} - 2P_1 \tag{18}$$

另一方面,从图 4 上的几何关系可以得出,开口角 γ 与起偏角 P_1 的关系为

$$\gamma/2 = \frac{\pi}{4} - P_1$$

$$\gamma = \frac{\pi}{2} - 2P_1 \tag{19}$$

则式(18)变为

$$\theta_{ip} - \theta_{is} = \gamma \tag{20}$$

由式(13)可得

$$\Delta = -(\theta_{ip} - \theta_{is}) = -\gamma \tag{21}$$

至于检偏方位角 ψ,可以在消光状态下直接读出。

在测量中,为了提高测量的准确性,常常不是只测一次消光状态所对应的 P_1 和 ψ_1 值,而是将 4 种(或 2 种)消光位置所对应的 4 组 (P_1, ψ_1),(P_2, ψ_2),(P_3, ψ_3) 和 (P_4, ψ_4) 值测出,经处理后再算出 Δ 和 ψ 值。其中,(P_1, ψ_1) 和 (P_2, ψ_2) 所对应的是 1/4 波片快轴相对于 S 方向置 $+\pi/4$ 时的两个消光位置(反射后 P 和 S 光的位相差为 0 或为 π 时均能合成线偏振光)。而 (P_3, ψ_3) 和 (P_4, ψ_4) 对应的是 1/4 波片快轴相对于 s 方向置 $-\pi/4$ 的两个消光位置。另外,还可以证明下列关系成立:$|p_1 - p_2| = 90°$,$\psi_2 = -\psi_1$;$|p_3 - p_4| = 90°$,$\psi_4 = -\psi_3$。求 Δ 和 ψ 的方法如下所述。

1) 计算 Δ 值

将 P_1,P_2,P_3 和 P_4 中大于 $\pi/2$ 的减去 $\pi/2$,不大于 $\pi/2$ 的保持原值,然后分别求平均。计算中,令

$$P_1' = \frac{\{P_1\} + \{P_2\}}{2} \qquad P_3' = \frac{\{P_3\} + \{P_4\}}{2} \tag{22}$$

而椭圆开口角 γ 与 P_1' 和 P_3' 的关系为

$$\gamma = \mid P_1' - P_3' \mid \tag{23}$$

由式(24)算得 ψ 后,再按表 1 求得 Δ 值。利用类似于图 4 的作图方法,分别画出起偏角 P_1 在表 1 所指范围内的椭圆偏振光图,由图上的几何关系求出与公式(20)类似的 γ 与 P_1 的关系式,再利用式(22)就可以得出表 1 中全部 Δ 与 γ 的对应关系。

表 1　P_1 与 Δ 的对应关系

P_1	$\Delta = -(\theta_{tp} - \theta_{is})$
$0 \sim \pi/4$	$-\gamma$
$\pi/4 \sim \pi/2$	γ
$\pi/2 \sim 3\pi/4$	$\pi - \gamma$
$3\pi/4 \sim \pi$	$-(\pi - \gamma)$

2) 计算 ψ 值

$$\psi = \frac{(\mid \psi_1 \mid + \mid \psi_2 \mid + \mid \psi_3 \mid + \mid \psi_4 \mid)}{4} \tag{24}$$

4. 折射率 n_2 和膜厚 d 的计算

尽管在原则上由 ψ 和 Δ 能算出 n_2 和 d,但实际上要直接解出 (n_2, d) 和 (Δ, ψ) 的函数关系式是很困难的。一般在 n_1 和 n_2 均为实数(即为透明介质的),并且已知衬底折射率 n_3(可以为复数)的情况下,将 (n_2, d) 和 (Δ, ψ) 的关系制成数值表或列线图而求得 n_2 和 d 值。编制数值表的工作通常由计算机来完成。制作的方法是:先测量(或已知)衬底的折射率 n_3,取定一个入射角 φ_1,设一个 n_2 的初始值,令 δ 从 0 变到 $180°$(变化步长可取 $\pi/180, \pi/90, \cdots$ 等),利用式(6)~式(8),便可分别算出 d, Δ 和 ψ 值。然后将 n_2 增加一个小量进行类似计算。如此继续下去便可得到 $(n_2, d) \sim (\Delta, \psi)$ 的数值表。为了使用方便,常将数值表绘制成列线图,用这种查表(或查图)求 n_2 和 d 的方法,虽然比较简单方便,但误差较大,故目前日益广泛地采用计算机直接处理数据。

另外,求厚度 d 时还需要说明一点:当 n_1 和 n_2 为实数时,式(6)中的 φ_2 为实数,两相邻反射光线间的位相差亦为实数,其周期为 2π。2δ 可能随着 d 的变化而处于不同的周期中。若令 $2\delta = 2\pi$ 时对应的膜层厚度为第一个周期厚度 d_0,由式(6)可以得到

$$d_0 = \frac{\lambda}{2\sqrt{n_2^2 - n_1^2 \sin^2 \varphi_1}} \tag{25}$$

由数值表、列线图或计算机算出的 d 值均是第一周期内的数值。若膜厚大于 d_0,可用其他方法(如干涉法)确定所在的周期数 j,则总膜厚是 $D = (j-1)d_0 + d$。另外可以采用**双角度测量**的方法,即改变入射角 φ_1,每个入射角对应有一组 d 和 d_0 值,利用两个不同入射角所测出的 d 和 d_0 值交叉对比,就可以知道样品的总膜厚。

二、仪器使用说明

本实验使用天津港东科技发展有限公司生产的 SGC - Ⅱ 型自动椭圆偏振测厚仪,如图 5 所示。

光源 1 采用波长为 632.8 nm 的氦氖激光光源。接收器 5 采用光电倍增管,把光讯号变为电讯号,经放大后输出至微机,由微机选择出消光位置的角度值。主机部分除以上两项外,还有起偏组件 2,样品台 3,检偏组件 4。电子及通讯部分 6:采集

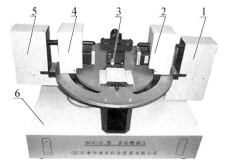

图 5　SGC - Ⅱ 型自动椭圆偏振测厚仪

光强及对应的角度值并传输到计算机,再接收由计算机发出的指令逐步靠近消光点。

1) 仪器使用

(1) 接通主机电源。

(2) 将主机上各条线与下部对应的插座连接好。

(3) 打开主机开关,面板上的电源指示灯及开关内的指示灯同时亮起。

（4）打开电脑，连接 USB 连线，此时主机面板上的 USB 状态指示灯亮起，并且在电脑桌面右下角托盘中出现该设备图标。

（5）若仪器校正后没有再次移动可以直接将样品放在样品台上测量。

注意：在拉开样品夹之前请勿拖拉样品以免破坏表面的镀膜。

（6）打开应用软件进行测量。

（7）测量完成后要对样品进行周期判断。在膜厚大于一个周期时，需采用双角度测量的方法，在单一角度测量的条件下无法判断周期，测量值对应的是第一周期内的厚度值。

2）注意事项

（1）不要让光源游标和接收游标同时停在 90°位置，以免开机后激光束长时间直接入射对接收装置造成损坏，在非测量情况下不要放样品，以免反射光长时间照射接收装置。

（2）对于以玻璃等透射率较高的物质为衬底的样品由于上、下表面的反射，反射后可能出现两个光点，在正确校正仪器后应该只有主光点能够射入接收光栏，如果不能确定主光点也可以在调节消光时，看有明暗变化的为主光点，副光点可以不管，并尽量使副光点不射入接收光栏，以免对测量结果产生影响。

（3）1/4 波片一般情况下不允许转动，以免造成测量误差。

（4）仪器在正式测量前建议用已知膜厚和折射率的膜片进行检查，防止差错。

（5）仪器应放在光线较暗，湿度低，灰尘少的室内使用。

实验八

塞曼效应

一、实验课题意义及要求

1896 年荷兰物理学家塞曼(P. Zeeman)发现,当光源放在足够强的磁场中时,所发光谱的谱线会分裂成几条,不仅分裂的条数随跃迁前后能级类别的不同而不同,而且每条谱线的光是偏振的,这就是塞曼效应。塞曼效应证实了原子具有磁矩和空间量子化,它至今仍是研究原子能级结构的重要方法之一,通过它可以精确测定电子的荷质比。

本实验要求学会用法布里-珀罗(Fabry-Perot)标准具去观察 546.1 nm 汞绿线的塞曼分裂谱,并通过测量谱线分裂的波长差计算电子荷质比 e/m 的值。

二、参考文献

[1] 朱精敏. 塞曼效应实验系统评述[J]. 物理实验,2004(12):3.

[2] 王逗. 利用塞曼效应实验研究原子能级结构[J]. 大学物理实验,2005(4):11.

[3] 林木欣. 近代物理实验教程[M]. 北京:科学出版社,1999.

[4] 仲明礼. 塞曼效应实验仪调整中的几个关键问题的研究[J]. 潍坊学院学报,2005(2):135.

[5] 吴思诚,王祖铨. 近代物理实验(第二版)[M]. 北京:北京大学出版社,1995.

[6] 张天喆,董有尔. 近代物理实验[M]. 北京:科学出版社,2004.

［7］ 赵朝忠,赵庆明,张孔辉.塞曼效应实验方法的研究［J］.哈尔滨师范大学自然科学学报,1997(1)：51.

［8］ 张新昌,唐晋娥.塞曼效应实验方法改进［J］.山西大学学报(自然科学版),2000(4)：327.

［9］ 何元金,马兴坤.近代物理实验［M］.北京：清华大学出版社,2003.

［10］ 郗迈.由塞曼效应实验确定原子能级的量子数和 g 因子值［J］.大学物理,1983(11)：23.

［11］ 周孝安,赵咸凯,谭锡安,等.近代物理实验教程［M］.武汉：武汉大学出版社,1998.

［12］ 朱世坤.塞曼效应实验中应注意的几个问题［J］.大学物理实验,2004,4：33.

［13］ 刘列,杨建坤,卓尚攸,等.近代物理实验［M］.长沙：国防科技大学出版社,2000.

三、提供仪器及材料

电磁铁,F-P标准具,汞灯,透镜,滤光片,测量望远镜和偏振片等。

四、开题报告及预习

1. 原子的总磁矩和总角动量的关系是怎样的？

2. 外磁场对原子能级有何影响？

3. 塞曼效应能级跃迁的选择定则是怎样的？

4. 发生塞曼分裂后的光谱线具有怎样的偏振性质？

5. 汞绿线在外磁场中发生塞曼分裂时将分裂为几条光谱线？其中有几条 π 线和几条 σ 线？

6. F-P标准具的基本结构和原理是怎样的？

7. 如何利用F-P标准具测量塞曼分裂后谱线的波长差？

8. 如何利用汞绿线的塞曼分裂谱测量电子的荷质比 e/m 的值？

五、实验课题内容及指标

1. 观察不加磁场时汞绿线的等倾干涉圆环,然后逐渐改变磁场,观察汞绿线塞曼分裂谱的裂距变化。

2. 将磁场强度置于某一适当值,在垂直于 $\vec{B}$ 的方向观察汞绿线分裂后的 3 条 π 线和 6 条 σ 线,并加偏振片对 π 线和 σ 线进行区分。

3. 通过测量谱线分裂的波长差计算电子荷质比 e/m 的值。

六、实验结题报告及论文

1. 报告实验课题研究的目的。

2. 介绍实验的基本原理和实验方法。

3. 介绍实验所用的仪器装置及其调整方法。

4. 对实验数据进行处理和计算,要求算出电子荷质比 e/m 的值及其测量误差。

5. 报告通过本实验所得收获并提出自己的意见。

实 验 指 导

一、实验原理

当光源置于足够强的外磁场中时,由于磁场的作用,使每条光谱线分裂成波长很靠近的几条偏振化的谱线,分裂的条数随能级的类别而不同,这种现象称为塞曼效应。正常塞曼效应谱线分裂为 3 条,而且两边的两条与中间的波数差正好等于 $eB/4\pi mc$,可用经典理论给予很好的解释。但实际上大多数谱线的分裂多于 3 条,谱线的裂距是 $eB/4\pi mc$ 的简单分数倍,称反常塞曼效应,它不能用经典理论解释,只有用量子理论才能得到满意的解释。

1. 原子的总磁矩与总角动量的关系

塞曼效应的产生是由于原子的总磁矩(轨道磁矩和自旋磁矩)受外磁场作用的结果。在 LS 耦合的情况下,如果忽略很小的核磁矩,那么原子中电

子的轨道磁矩 μ_L 和自旋磁矩 μ_S 合成原子的总磁矩 μ,电子的轨道角动量 P_L 和自旋角动量 P_S 合成总角动量 P_J,又知

$$\mu_L = \frac{e}{2m}P_L \qquad P_L = \sqrt{L(L+1)}\hbar \tag{1}$$

$$\mu_S = \frac{e}{m}P_S \qquad P_S = \sqrt{S(S+1)}\hbar \tag{2}$$

式中 L,S 分别表示轨道量子数和自旋量子数,e,m 分别为电子的电荷和质量。

由于 μ_L 和 P_L 的比值不同于 μ_S 和 P_S 的比值,因此,原子的总磁矩 μ 不在总角动量 P_J 的延长线上。但因 μ 绕 P_J 的延线旋进,只有 μ 在 P_J 方向上的分量 μ_J 对外的平均效果不为零。如图 1 所示。通过矢量叠加运算可以得到 μ_J 和 P_J 之间的关系为

$$\mu_J = g\,\frac{e}{2m}P_J \qquad P_J = \sqrt{J(J+1)}\hbar \tag{3}$$

式中,g 为朗德因子。

$$g = 1 + \frac{J(J+1) - L(L+1) + S(S+1)}{2J(J+1)} \tag{4}$$

它表征了原子的总磁矩与总角动量的关系,并且决定了分裂后的能级在磁场中的裂距。

2. 在外磁场作用下原子能级的分裂

原子由于磁矩的存在,在磁场中就会受到磁场的力矩作用,原子的总磁矩在外磁场 $\vec{B}$ 中受到的力矩为

$$\vec{L} = \vec{\mu}_J \times \vec{B} \tag{5}$$

其效果是原子的总磁矩将绕磁场方向旋进,如图 2 所示。这时会引起原子能级的附加能量:

$$\Delta E = -\vec{\mu}_J \cdot \vec{B} = -\mu_J B \cos\alpha = g\,\frac{e}{2m}P_J B \cos\beta \tag{6}$$

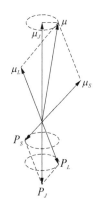

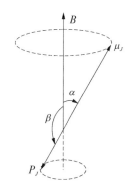

图 1　角动量和磁矩矢量关系　　　　**图 2　总磁矩绕磁场方向旋进**

由于原子的总角动量在磁场中的取向是量子化的,即有

$$P_J \cos\beta = M\hbar \tag{7}$$

M 称为磁量子数,J 一定时,只能取 $M = J, J-1, \cdots, -J$,共有$(2J+1)$个数值。代入式(6)有

$$\Delta E = Mg\,\frac{e\hbar}{2m}B = Mg\mu_B B \tag{8}$$

式中,$\mu_B = eh/(2m) = eh/(4\pi m)$ 为原子的玻尔磁子。这就是说无外磁场时的一个能级在外磁场的作用下要再增加能量 ΔE,而 ΔE 有$(2J+1)$个不同的可能值,所以原来的一个能级将会分裂成$(2J+1)$个子能级,能级间隔为 $g\mu_B B$。同一能级分裂的各能级的间隔相等,但从不同的原子能级分裂出来的能级间隔彼此不一定相同,因为 g 因子不一定相同。

3. 塞曼效应能级跃迁的选择定则和偏振规则

设频率为 ν 的光谱线在未加磁场时的上下能级分别为 E_2 和 E_1,则此谱线的频率 ν 满足:

$$h\nu = E_2 - E_1 \tag{9}$$

在外磁场中,上下能级都将获得一个附加能量 ΔE_2 和 ΔE_1,因此,上下能级各分裂成$(2J_2+1)$和$(2J_1+1)$个子能级,这样,上下两个子能级之间的跃迁将产生频率为 ν' 的光谱线,满足

$$h\nu' = (E_2 + \Delta E_2) - (E_1 + \Delta E_1) \tag{10}$$

分裂后的谱线与原谱线之间的频率差为

$$\Delta\nu = \nu' - \nu = \frac{\Delta E_2 - \Delta E_1}{h} = (M_2 g_2 - M_1 g_1)\frac{eB}{4\pi m} \tag{11}$$

用波数表示为

$$\Delta\tilde{\nu} = \tilde{\nu}' - \tilde{\nu} = (M_2 g_2 - M_1 g_1)\frac{eB}{4\pi mc} \tag{12}$$
$$= (M_2 g_2 - M_1 g_1)L$$

式中,L 为洛伦兹单位,$L = eB/(4\pi mc) = 0.467B$,$B$ 的单位为 T(特斯拉),波数 L 的单位为 cm^{-1}。

但是,并非任何两个子能级之间的跃迁是可能的。跃迁必须满足如下选择定则:

$$\Delta M = M_2 - M_1 = 0, \pm 1$$
$$(\text{当 } J_2 = J_1 \text{ 时},M_2 = 0 \rightarrow M_1 = 0 \text{ 是禁戒的})$$

(1)当 $\Delta M = 0$ 时,产生 π 线。当垂直于磁场的方向(横向)观察时,得到光振动方向平行于磁场的线偏振光。如果沿与磁场平行的方向(纵向)观察,光强度为零,观察不到。

(2)当 $\Delta M = \pm 1$ 时,产生 $\sigma^{\pm}$ 线,合称 σ 线。当垂直于磁场的方向(横向)观察时,得到的都是光振动方向垂直于磁场的线偏振光。如果迎着磁力线方向(纵向)观察时,σ^{+} 线为左旋圆偏振光(电矢量转向与光传播方向成右手螺旋),σ^{-} 线为右旋圆偏振光(电矢量转向与光传播方向成左手螺旋)。如果顺着磁力线方向观察时,则 σ^{+} 和 σ^{-} 线分别为右旋和左旋圆偏振光。

4. 汞绿线在外磁场中的塞曼分裂

本实验中所观察的汞绿线(546.1 nm)是从高能级 $6s7s^3S_1$ 到低能级 $6s6p^3P_2$ 的跃迁而产生的。表征它的状态的量子数和在磁场中能级分裂的量子态如表1所示。

表 1　汞绿线(546.1 nm)的塞曼量子态

	$^3S_1$			$^3P_2$				
L	0			1				
S	1			1				
J	1			2				
g	2			3/2				
M	1	0	−1	2	1	0	−1	−2
Mg	2	0	−2	3	3/2	0	−3/2	−3

根据选择定则,会产生如图 3 所示的塞曼能级分裂和跃迁。由图 3 可见,上下能级在外磁场中分别分裂为 3 个和 5 个子能级,在能级图上画出了选择定则允许的 9 种跃迁。在能级图下方画出了与各跃迁相应的谱线在频谱上的位置,为便于区分,将 π 线和 σ 线都标在相应的地方,各线段的长度表示光谱线的相对强度。它们的波数从左到右增加,并且是等间距的,均为 1/2 个洛伦兹单位。

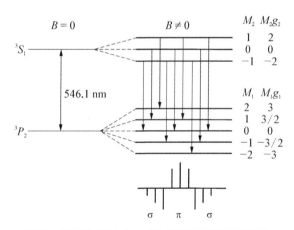

图 3　汞绿线(546.1 nm)的塞曼能级分裂及跃迁

由公式 $\Delta\lambda=\lambda^2\Delta\tilde{\nu}=\dfrac{\lambda^2 eB}{4\pi mc}$ 可估算出塞曼分裂的波长差数量级的大小。设 $\lambda=5\,000\,\text{Å}$, $B=1\,\text{T}$,将各个物理常量代入上式可计算得 $\Delta\lambda\approx0.1\,\text{Å}$,可见分裂的波长差非常小。要分辨如此小波长差的谱线,必须用分辨本领相当高的光谱仪器,本实验使用法布里-珀罗标准具(简称 F - P 标准具)作为色散器件。

二、实验装置

图 4 是观测塞曼效应的实验装置图。光源 J 置于电磁铁的磁极之间,透镜 L_1 将光源发出的光聚焦于 F-P 标准具的中心附近。为了获得单色光,其间可放置一滤光片 F。经过 F-P 标准具时将发生等倾干涉,干涉图样经成像物镜 L_2 后将成像于其后焦平面 M 上。也可以将 L_2 去掉,直接用测量望远镜进行观察和测量。在研究纵向效应时,可以在偏振片 P 前再加一块 1/4 波片,以鉴别左旋和右旋圆偏振光。

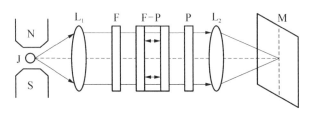

图 4　塞曼效应实验装置

1. F-P 标准具的原理及性能

F-P(Fabry-Perot,法布里-珀罗)标准具是由两块平面玻璃板及板间的一个间隔圈组成。平面玻璃板内表面是平整的,其加工精度要求高于 1/20 波长。内表面镀有高反射膜,其反射率高于 90%。间隔圈用膨胀系数很小的熔融石英材料精加工成一定的厚度,用来保证两块平行玻璃板之间精确的平行度和稳定的间距。

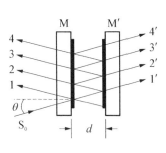

图 5　标准具光路图

图 5 为标准具的光路图。当单色平行光束 S_0 以小角度 θ 入射到标准具的 M 平面时,入射光束 S_0 经过 M 表面及 M′ 表面多次反射和透射,将形成一系列相互平行的反射光束 1,2,3,4,… 及透射光束 1′,2′,3′,4′,…。在此利用的是透射光束 1′,2′,3′,4′,…,这些相邻透射光束间的光程差为

$$\Delta l = 2nd\cos\theta \tag{13}$$

式中,d 为两平行板之间的距离,n 为两平行板间介质的折射率(标准具在空

气中使用时 $n = 1$），θ 为光束入射角。这些互相平行并有一定光程差的光束产生干涉极大值的条件是光程差为波长的整数倍，即

$$2d\cos\theta = N\lambda \qquad (14)$$

式中，N 为干涉序，其取值为整数。因为 d 是固定的，故在波长 λ 不变的条件下，不同的 N 将对应不同的 θ。用扩展光源照明，F-P 标准具将产生等倾干涉，相同 θ 角的光束所形成的干涉花纹为一圆环，整个花样则是一组同心圆环。干涉图像将定位于无穷远处或在透镜的后焦平面上。

1) 标准具的色散范围 $\Delta\lambda$（或 $\Delta\tilde{\nu}$）

我们考虑两束具有微小波长差的单色光 λ_1 和 λ_1（$\lambda_2 > \lambda_1$ 且 $\lambda_2 \approx \lambda_1 = \lambda$）入射到标准具的情况。根据式(14)，对同一干涉序 N，λ_1 和 λ_2 的干涉极大值分别对应不同的入射角 θ_1 和 θ_2，且 $\theta_1 > \theta_2$，所以有两套圆环产生，里圈对应的波长较长（波数较小），外圈对应的波长较短（波数较大）。如让 λ_1 和 λ_2 之间的波长差逐渐加大，使得 λ_1 的 N 序花纹与 λ_2 的 $N-1$ 序花纹重叠，则 λ_1 的 N 序花纹与 λ_2 的 $N-1$ 序花纹将对应同一 θ，故有 $N\lambda_1 = (N-1)\lambda_2$，即

$$\lambda_2 - \lambda_1 = \lambda_2/N \qquad (15)$$

考虑到靠近干涉圆环中央处的 θ 都很小，故 N 可用中心花纹的序数近似代替，即用 $N = 2d/\lambda$ 代入式(15)，并用 λ 代替 λ_2，可得

$$\Delta\lambda = \lambda_2 - \lambda_1 = \frac{\lambda^2}{2d} \qquad (16)$$

或用波数表示为

$$\Delta\tilde{\nu} = \frac{1}{2d} \qquad (17)$$

式(16)的 $\Delta\lambda$ 或式(17)的 $\Delta\tilde{\nu}$ 定义为标准具的色散范围，又称为自由光谱范围。它表征了标准具在靠近干涉圆环中央处不同波长的干涉花纹不重叠时所允许的最大波长差。例如，对于 $d = 5$ mm，$\lambda = 546.1$ nm 的情况，$\Delta\lambda \approx 0.03$ nm。说明 F-P 标准具只能用来研究很窄的光谱范围。

2) 标准具的精细常数 F(或精细度)

通常用精细常数 F 表征标准具的分辨性能,定义为相邻条纹间距与条纹半宽度之比。

$$F = \Delta\lambda/\delta\lambda = \pi\sqrt{R}/(1-R) \tag{18}$$

式中,R 为标准具的平行板内表面的反射率。精细常数的物理意义是指在相邻两干涉序的花纹之间能够被分辨的干涉条纹的最大数目。它仅仅依赖于反射膜的反射率。反射率愈高,精细常数 F 愈大,仪器分辨本领愈高,能够分辨的条纹数愈多。

2. 使用 F-P 标准具测量谱线波长差

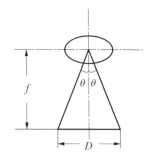

用焦距为 f 的透镜把 F-P 标准具的干涉圆环成像在焦平面上,花纹的入射角 θ 与它的直径 D 之间有如下关系(见图 6):

$$\cos\theta = f/\sqrt{f^2+(D/2)^2} \approx 1 - D^2/(8f^2) \tag{19}$$

图 6   入射角 θ 与干涉圆环直径 D 的关系

将式(19)代入式(14)得

$$2d[1-D^2/(8f^2)] = N\lambda \tag{20}$$

由式(20)可见,靠近中央各圆环直径 D 的平方与其干涉序 N 成线性关系。对同一波长而言,随着圆环直径的增大圆环的分布将会越来越密。并且从式(20)可以看出,圆环的直径 D 越大,它所对应的干涉序 N 越低。如对不同波长但同序的干涉圆环而言,直径 D 越大的圆环所对应的波长越小。

对同一波长相邻两序 N 和 $(N-1)$ 圆环直径的平方差 ΔD^2 为

$$\Delta D^2 = D_{N-1}^2 - D_N^2 = 4f^2\lambda/d \tag{21}$$

可见 ΔD^2 为一常数,与干涉序 N 无关。

对同一序中不同波长 λ_a 和 λ_b 的波长差关系为

$$\lambda_a - \lambda_b = \frac{d}{4f^2N}(D_b^2 - D_a^2) \tag{22}$$

将式(21)代入上式可得

$$\lambda_a - \lambda_b = \frac{\lambda}{N} \frac{D_b^2 - D_a^2}{D_{N-1}^2 - D_N^2} \tag{23}$$

考虑到标准具间隔圈的长度 d 比波长 λ 大得多,中心花纹的干涉序是很大的。因此可用中心花纹的干涉序近似代替被测花纹的干涉序(引入的误差可忽略不计),即

$$N = 2d/\lambda \tag{24}$$

将式(24)代入式(23)可得

$$\lambda_a - \lambda_b = \frac{\lambda^2}{2d} \frac{D_b^2 - D_a^2}{D_{N-1}^2 - D_N^2} \tag{25}$$

或用波数表示为

$$\widetilde{\nu}_b - \widetilde{\nu}_a = \frac{1}{2d} \frac{D_b^2 - D_a^2}{D_{N-1}^2 - D_N^2} \tag{26}$$

3. F-P标准具的调整

标准具的一对玻璃片及间隔圈装在铜制的支架上,3个压紧的弹簧螺丝用来调整标准具两个内表面的平行度。平行度判断的标准是:当用单色光照明标准具时,从它的透射方向可以观察到一组同心干涉圆环。观察时如让眼睛上下左右移动而看不到干涉花纹随眼睛的移动而变化,说明标准具两个内表面是严格平行的,即各处的 d 值相同。若眼睛移动过程中有"冒出环"或"吸入环"的现象,表明标准具两内表面不平行,这时应反复仔细调节3个方向的螺丝,最终使花纹不随眼睛的移动而变化。

三、实验内容和步骤

1. 仪器的调整

(1) 将汞灯置于电磁铁磁场中央,并点亮汞灯。

(2) 光路的调整:调整各光学元件,使它们的中心与电磁铁磁极的中心等高同轴。实验装置如图4所示。

（3）仔细调整透镜 L₁ 位置，使落在 F-P 标准具上的光通量最大。调整测量望远镜及标准具上的 3 个螺丝，直到能看清楚干涉圆环，并使标准具两内表面达到严格的平行。

2. 观测横向塞曼效应

（1）观察不加磁场时汞绿线的等倾干涉圆环，然后逐渐改变磁场，观察汞绿线塞曼分裂谱的裂距变化。

（2）将磁场强度置于某一适当值，在垂直于 $\vec{B}$ 的方向观察汞绿线分裂后的 3 条 π 线和 6 条 σ 线，并加偏振片对 π 线和 σ 线进行区分。

（3）根据实验要求测量干涉圆环的直径，并多次测量汞灯所在位置的磁场强度，求出其平均值。

3. 观测纵向塞曼效应

把电磁铁旋转 90°，取出电磁铁磁极中的铁芯，将 1/4 波片置于偏振片 P 前，用测量望远镜观察汞绿线塞曼分裂的左旋、右旋圆偏振光。

四、实验数据处理

先用式（26）计算谱线分裂的波数差，再用式（12）计算电子荷质比 e/m 的值。同时要求计算测量误差的大小，并将电子荷质比 e/m 的测量值与标准值进行比较（标准值 $e/m = 1.76 \times 10^{11}$ C/kg）。

实验九

扫描隧道显微镜实验

一、实验课题意义及要求

IBM 瑞士苏黎士实验室的两位科学家在 1981 年发明了世界上第一台扫描隧道显微镜（Scanning Tunneling Microscope，STM），并因此荣获 1986 年诺贝尔物理学奖。在 STM 基础上发展起来的 SPM 仪器系列，即扫描探针显微镜（Scanning Probe Microscope，SPM）是目前可以达到原子级分辨率且不需严格制样并能在常规环境下研究材料物理、化学等特性最有效的仪器。借助于 STM 等扫描探针显微技术，人们对物质结构的了解延伸到了纳米层次，从而促进了如今纳米科技的形成。

本实验要求了解量子力学中的隧道效应的基本原理，学习了解扫描隧道显微镜的基本结构和基本实验方法原理，了解其样品、针尖的制作过程，设备的操作调试并能最后观测到样品的表面形貌，正确使用 AJ‑Ⅰ 扫描隧道显微镜的控制软件，并对获得的表面图像进行一些基本的处理和数据分析。

二、参考文献

[1]　汪世才.扫描隧道显微镜[J].物理,1987,16(6)：321‑326.

[2]　杨威生,盖峥.扫描隧道显微镜对表面科学的巨大推动[J].物理,1996,25(9)：513‑520.

[3]　姚非,叶声华,等.扫描探针显微镜[J].天津大学学报,1996,29(5)：763‑770.

[4]　潘尔达.扫描隧道显微镜探针制备的实验研究[J].1992,14(增

刊）：115 - 116.

　　[5]　蒋平,蒋励芬,等.量子围栏——扫描隧道显微术的又一杰作[J].物理,1994,23(10)：582 - 584.

　　[6]　梁作舟,白也武.扫描隧道显微镜的发展史[J].广西物理,1995,16(5 - 6)：93 - 96.

三、提供的仪器与材料

　　AJ - I型扫描隧道显微镜,计算机,样品(一维、二维光栅、半导体薄膜、高序石墨、自制薄膜等),铂铱合金探针等。

四、开题报告及预习

　　1. 扫描隧道显微镜的工作原理是什么?

　　2. 什么是隧道效应?

　　3. 隧道电流如何产生?

　　4. 扫描隧道显微镜主要常用的有哪几种扫描模式? 各有什么特点?

　　5. 仪器中加在针尖与样品间的偏压是起什么作用的?

　　6. 不同方向的针尖和针尖偏压的大小对实验结果有何影响?

　　7. 实验中隧道电流设定的大小意味着什么?

五、实验课题内容及要求

　　1. 熟悉掌握扫描隧道显微镜的基本工作原理。

　　2. 用 AJ - I型扫描隧道显微镜测量光栅或高序石墨或半导体薄膜或其他自制薄膜的表面形貌。

　　(1) 了解并掌握针尖的制备及选取。

　　(2) 熟悉在线软件的操作与控制。

　　(3) 掌握根据所得图像判断反馈情况,熟悉调节比例增益和积分增益以获取满意的图像。

　　3. 学习使用离线操作软件对所获取的图像进行处理。

　　(1) 平滑处理。将像素与周边像素作加权平均。

（2）斜面校正。选择斜面的一个顶点，以该顶点为基点，线性增加该图像的所有像素值。

（3）中值滤波。

（4）傅里叶变换。此变换对图像的周期性很敏感，在做原子图像扫描时可作为判别依据。

（5）边缘增强。此操作使图像具有立体浮雕感。

（6）图像反转。对当前图像作黑白反转。

（7）三维变换。使平面图像变换为三维图像，形象直观，可变换观测角度与光线方向。

（8）截面分析。对图像作截面分析与测量。

六、实验结题报告及论文

1. 报告实验课题研究目的。

2. 介绍实验基本原理和实验方法。

3. 介绍实验所用仪器装置及其操作步骤。

4. 对实验数据按照课题内容与要求进行处理和计算。

5. 报告通过本实验所得收获并提出自己的意见。

实 验 指 导

一、实验原理

1. 隧道效应与隧道电流

经典物理学认为，动能是非负的量，因此一个粒子的势能 $V(r)$ 若要大于它的总能量 E 是不可能的。对表面而言，也即物质表面是分明的，发生在表面的反射会围住电子，因此表面不存在电子云。而在量子力学理论中，电子具有波动性，其位置是弥散的，在 $V(r) > E$ 的区域，薛定谔方程（Schrodinger equation）

$$[-(h^2/2m)V^2 + V(r)]\Psi(r) = e^{\Psi(r)} \tag{1}$$

的解不一定是零(如果 V 不是无限大的话)。因此一个入射粒子穿透一个 $V(r) > E$ 的有限区域的几率是非零的,所以物质表面上的一些电子会散逸出来,在样品四周形成电子云。在

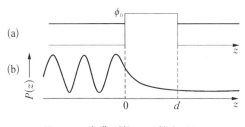

(a)

(b) $P(z)$ 0 d z

ϕ_0

图 1 一个典型的矩形势垒以及穿透几率密度函数 $P(z)$

导体表面之外空间的某一位置发现电子的几率,会随着这个位置与表面距离的增大而呈现指数形式的衰减,这个现象称为隧道效应。隧道效应的物理意义可由图 1 来简单说明。

STM 的工作原理来源于量子力学中的隧道贯穿原理。其核心是一个能在样品表面上扫描,并与样品间有一定偏置电压,其直径为原子尺度的针尖。由于电子隧穿的几率与势垒 $V(r)$ 的宽度呈负指数关系,当针尖和样品的距离非常接近时,其间的势垒变得很薄,电子云相互重叠,在针尖和样品之间施加一电压,电子就可以通过隧道效应由针尖转移到样品或从样品转移到针尖,形成隧道电流。通过记录针尖与样品间的隧道电流的变化就可以得到样品表面形貌的信息。STM 针尖和样品之间构成势垒的间隙 S 为 $1 \sim 10$ nm。

$$I \propto V \exp(-KS) \tag{2}$$

式(2)给出了隧道电流 I 与两电极间的距离 S 的负指数关系,其中 $K = \sqrt{(2m\Phi/h)}$,m 为自由电子的质量,Φ 为有效平均势垒高度,V 为针尖与样品间的偏置电压。可以看出,粗略来说,S 每改变 0.1 nm,隧道电流 I 就会改变一个数量级,因而可知道隧道电流几乎总是集中在间隔最小的区域,如图 2 所示。

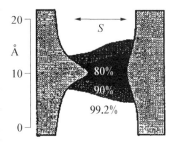

20

Å

S

80%

10

90%

99.2%

0

图 2 从针尖到起伏表面的电流密度的计算分布

2. 扫描隧道显微镜的工作原理

由式(2)可知,隧道电流强度对针尖和样品之间的距离有着指数依赖关系,当距离减小 0.1 nm 时,隧道电流即增加约一个数量级。因此,根据隧道

电流的变化,可以得到样品表面微小的高低起伏变化的信息,如果同时对 x-y 方向进行扫描,就可以直接得到三维的样品表面形貌图,这就是扫描隧道显微镜的工作原理。

扫描隧道显微镜主要有两种工作模式:恒电流模式和恒高度模式。

在 STM 系统中有一个用于控制针尖与样品相互作用的电子学反馈系统。这种反馈系统能保持针尖与样品的某些参数恒定。如恒流模式下反馈系统维持针尖与样品间的隧道电流为一个常数。这样在样品一点接一点的扫描过程中,监视反馈系统的输出量,就可以获得样品表面的形貌信息。这有些像盲人用拐杖探路:如果他用拐杖前后左右地摸索周围的地面,那么在他的头脑中很快就能浮现周围地面的高低情况。在 STM,探针以扫描的方式逐点地摸索样品表面的起伏,反馈系统像盲人的手杖一样逐点输出起伏数据,那么计算机就能像盲人的大脑和眼睛一样显示出样品表面起伏的形貌。

恒电流模式如图 3(a)所示:x-y 方向进行扫描,在 z 方向加上电子反馈系统,初始隧道电流为一恒定值,当样品表面凸起时,针尖就向后退;反之,样品表面凹进时,反馈系统就使针尖向前移动,以控制隧道电流的恒定。将针尖在样品表面扫描时的运动轨迹用计算机记录下来,再合成处理后,就得到了样品表面的态密度的分布或原子排列的图像。此模式可用来观察表面形貌起伏较大的样品,而且可以通过加在 z 方向上驱动的电压值推算表面起伏高度的数值。

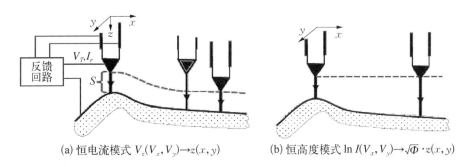

(a) 恒电流模式 $V_z(V_x, V_y) \to z(x, y)$　　(b) 恒高度模式 $\ln I(V_x, V_y) \to \sqrt{\Phi} \cdot z(x, y)$

图 3　STM 的两种工作模式

恒高度模式如图 3(b)所示:在扫描过程中保持针尖的高度不变,通过记录隧道电流的变化来得到样品的表面形貌信息。这种模式通常用来测量表面形貌起伏不大的样品。

3. 扫描隧道显微镜控制装置简介

最早的 SPM 装置是 STM,它是基于隧道电流的原理来控制针尖与样品的间距。通过控制针尖至样品或样品至针尖的电子的流量,通常从几个 pA 至几个 nA 的大小,即可精确地保持针尖至样品的间隔。这种间隔典型地只有几个原子直径的大小,或者说大约 1 nm。当针尖与样品的间距增大或减小时,相应的,隧道电流就会减小或增大,隧道电流与间距遵循指数关系。

图 4 描绘一种 SPM 控制装置的原理,其中有一个很关键的部件是扫描器。扫描器可以在 X、Y、Z 3 个方向上作纳米级的精密移动。XY 扫描电压发生器产生例如三角波的扫描波形,控制扫描器对样品进行逐行扫描。针尖固定在扫描器上,随扫描器运动。

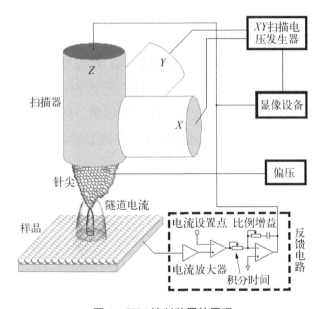

图 4 STM 控制装置的原理

在针尖上施加一个电压,当针尖和样品足够接近时,会有隧道电流产生。灵敏的电流放大器检出隧道电流,并把它转换为电压(如偏压能在正负两个方向上调节,还必须引入绝对值电路,更好的做法还需加一级对数放大器,使非线性的针尖样品间距与隧道电流关系线性化),再与电流设置点作比较,比较的结果反映了针尖样品间距与设定值之间的偏差。通常在 SPM 电子学里引入比例积分控制器(常称作反馈电路),以调整扫描器 Z 方向的运动来保持隧道电流恒定。这也就是 SPM 恒流模式的原理。在恒流模式操作中,要使隧道电流较好地保持,需要调整比例增益和积分时间(其倒数关系也称为积分增益)。这时比例积分控制器的输出,就反映了样品高度的起伏变化。如果针尖样品间距足够接近,电流放大器已检出隧道电流,在这种情况下将比例积分控制器断开(或者将比例增益设为零,积分时间设为无限大),Z 方向就会保持不动,隧道电流的变化也能反映针尖与样品间距的变化,这就是 SPM 恒高模式的原理。

4. 与其他类型显微镜之间的比较

与其他类型显微镜相比较,扫描探针显微镜以它前所未有的优势正越来越广泛地应用于各个领域。SPM 提供了其他类型显微镜所不具备的优点,然而并非适合所有类型的工作,例如在广大的低倍率应用领域,仍然推荐使用光学显微镜,因而光学显微镜仍将在这一领域占有统治地位。比较显微镜一族,可以从下面几个方面进行:分辨率、景深、样品制备等。

1) 分辨率

使用显微镜的用户常常首先会问一个问题:"它的放大倍数是多少? 它能分辨什么?""放大倍数"这一术语,对 STM 来说是很含糊的。光学显微镜是利用光学元件放大观测物,而 SPM 完全是通过电子手段获得图像。在光学显微镜上通过目镜看到的景象可以说是对人眼的延伸,而 SPM 却是通过针尖与样品间电子的机械的相互作用得到图像数据,然后传输到计算机上显示的。

比如,用 10X 的光学物镜来观察谷粒大小的矿物样品,再放置一个标准样品并和此样品作比较。这是直观的比较,仅仅是我们用尺或其他测量工具来进行日常测量的扩充。但当进入 SPM 的纳米世界,测量经常在短于可见光波长的情况下进行。这时,需要基于已知尺寸的三维样品作为测量的标准。假如扫描 1 μm 需要一个特定的电压 U,精确地控制电压作 1/4 个 U 的扫描,又假如进行测量的压电陶瓷管能表现出线性反应,那么就可以确定所测量的尺寸为 1/4 μm。

虽然理论上说 SPM 能够测量任何尺寸的样品（足够大的范围，足够高的分辨率），但实际上受到以下因素的限制：① 探针的尺寸；② 扫描速度；③ 储存数据的内存；④ 扫描器的最大行程；⑤ 固定样品的衬底。

很显然，用 SPM 来观察大范围、多层次的样品是不实际的。它的扫描范围和扫描速度使它的观察范围比传统的光学显微镜要小。但是如果用于原子范围的测量，在测量相对平整光滑的表面时，SPM 的优势就充分显露出来了。SPM 和其他常见的显微镜的比较如表 1 所示。

表 1　常用显微镜的比较

显微镜名称	最高分辨率/nm	工作环境	样品工作温度	样品破坏、制备难易操纵原子分子	检测深度（景深）	价格RMB	检测成本
扫描隧道(STM)	达原子级垂直 0.001横向 0.01	常规环境、大气、溶液或真空	室温	无、易、可	1～2原子层	10 万元	几十元
透射电镜(TEM)	点分辨 2～0.5 晶格分辨 0.1～0.2	高真空	室温或低温	小、难、非	一般<100 nm	几百万元	近千元
扫描电镜(SEM)	6～10	高真空	室温或低温	小、难、非	1 μm(1 万倍时)	上百万元	几百元
光学显微镜	180	常规环境	室温	无、易、非	较大	较低	较低

2）景深

景深指的是可看到的样品纵深范围。有些显微镜在这一性能上极佳（比如光学显微镜），而其他的就有一些限制。对于光学仪器，景深直接与物镜的数值孔径以及镜头与样品的距离远近相关（当一种"显微镜"发展为"望远镜"时，景深将会无限增大）。对于 SPM，景深受限于扫描管 Z 向的行程，扫描深度还跟探针的精细和几何轮廓有关：比如探针太粗无法探及凹槽内部，显像模糊从而降低景深。通常，SPM 可以很好地探测相对较平整的样品。

3）样品制备

相对其他显微镜，SPM 的样品制备相当简单，样品通常不需要特别的准备。相反，分辨能力相当的电子显微镜则要求环境真空和对样品进行金属涂层处理。SPM 家族中的扫描隧道显微镜（STM）和某些类型的静电力显微镜（EFM）需要样品是导电的，可样品制备也很简单。当然，绝大部分样品需要使用 SPM 都可以通过轻敲模式和接触模式进行。除了要求制备刚性的样品衬底外，大多数 SPM 较少或不需要对样品进行特殊的制备。

二、仪器使用说明

1. 结构简介

本实验使用 AJ‑Ⅰ型扫描隧道显微镜，STM 仪器的实物如图 5 所示，基本构成如图 6 所示。它也是所有通常的 SPM 仪器的基本架构。一般可以分为 3 个部分：① 头部系统（头部和基座）。它是 STM 仪器的工作执行部分，包括信号检测装置及处理电路、针尖、样品、扫描器、粗细调驱进的装置以及隔离震动的设备。② 电子学系统（控制箱）。它是 STM 仪器的控制部分，主要实现扫描器的各种预设的功能以及维持扫描状态的反馈控制系统。③ 计算机系统（主机和显示器）。工作人员通过对计算机的人机交互软件的操作，指令电子学控制系统使头部实现其功能。完成实时过程的处理、数据的获取、分析处理以及输出。

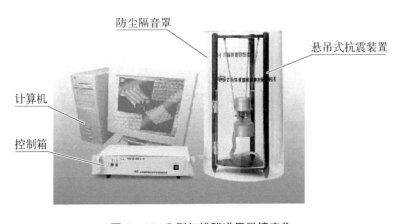

图 5　AJ‑Ⅰ型扫描隧道显微镜实物

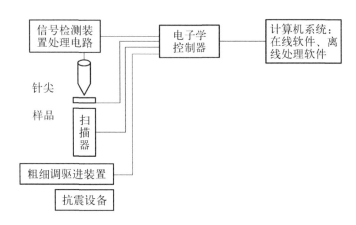

图6 AJ-Ⅰ型STM基本构成

2. STM探头

STM探头包括探针固定金属导管、粗调驱进定位槽、采光观察窗、照明光源、探头信号线插头座和隧道电流检测电路等(见图7)。探针固定金属导管简称针导管(内径0.45 mm)是固定STM探针的地方。STM探针要求不长于2 cm,通常在探针末端5 mm处将针尖弯成45°角,插入针导管,针导管外保留约5 mm的针尖长度。采光观察窗和照明光源用于察看针尖与样品之间的距离。隧道电流检测电路将隧道电流转换为电压输出。

图7 STM探头(实际工作时翻转向下)

3. STM探针

STM探针采用直径0.4 mm的铂铱合金丝,含量为75%铂、25%铱。

4. PZT 压电陶瓷管扫描器

SPM 图像的质量取决于针尖与样品间距的控制精度,扫描器的质量和电子线路的噪声水平决定这种控制精度。用管状压电陶瓷材料制成的扫描器能实现样品与针尖间的三维运动。图 8 为 PZT 压电陶瓷管的外形及电极。

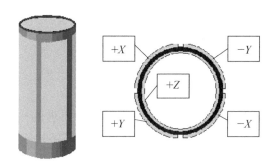

图 8　PZT 压电陶瓷管(左:外观,有 5 个镀银电极;右:剖面接线图)

5. 基座

基座为更换不同的探头提供了一个公共的机械平台。它可以放置在悬吊式抗震装置上。如果不用悬吊式抗震装置,可将基座安放在坚固的实验台上。或将基座直接放在防震台上。如要求的分辨率不高,基座放在稳定的桌面上也可以工作。PZT 压电陶瓷管扫描器安装在基座内,基座的上半部分是粗细调驱进装置,下半部分是电信号接线盒,如图 9 所示。

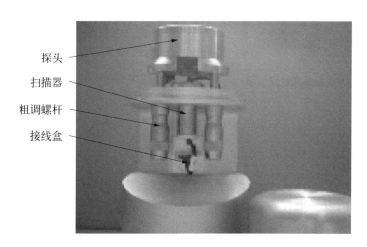

图 9　探头和基座

6. 驱进装置

驱进装置采用差动螺杆加纳米级步进电机的工作方式。这种装置的特点是：系统机械稳定性高，粗调范围大，步进电机精密驱进的步距小、精度高，调整方便等。两个粗调螺杆和步进电机螺杆组成 3 个支点支撑着探头的重量，只要左右旋转两个粗调螺杆就可以把探针升高或降低，使样品与针尖的距离在 0～10 mm 的范围内调整；步进电机则可在 0～1 mm 的间距内作精细调整，这种设计方式通常能实现样品与针尖的每步进长度为 20～50 nm。

7. 抗震设备

有效的震动隔离是 SPM 达到原子分辨率所要求的一个必要条件，STM 原子图像的典型起伏是 0.01 nm，所以外来震动的干扰必须小于 0.005 nm。有两类外界影响是必须隔离的：震动和冲击。震动一般是重复性和连续性的，而冲击则是瞬态变化的，在两者之中，震动隔离是最主要的。

弹簧

悬吊环

悬吊支架

图 10　SPM 悬吊式抗震装置

8. 气垫防震台

商品化的气垫防震台可以有效地隔离 3～5 Hz 的机械震动。

9. 悬吊式抗震装置

采用旋转解脱悬吊方式，用弹簧作为弹性绳。弹簧连接悬吊支架和悬吊环，悬吊环与头部套接。这种装置通常设计成隔离 1 Hz 以上的机械震动。图 10 为 SPM 悬吊式抗震装置。

三、实验内容

1. STM 针尖制备及安装

针尖是 STM 出好的图像的关键部分。最好用电化学腐蚀的针尖，当然，用剪切的方式制作针尖比较简便，在 AJ-Ⅰ型 STM 上也可以使用。电化学腐蚀的针尖有利于测量表面较粗糙的样品，而剪切的针尖由于其顶端较粗，不利于这种测量。在原子级平整的样品上，腐蚀针尖和剪切针尖的差别并不太大。

（1）在小量杯中注入 3 ml 丙酮，取少量脱脂棉放入。

（2）剪取 2 cm 长 Pt - Ar 合金丝一段作为探针。

（3）用小镊子夹脱脂棉（含丙酮）清洗探针和剪刀刃口。

（4）用平头镊子夹住探针中部，用脱脂棉蘸丙酮清洗探针待剪的一端，然后等丙酮完全挥发。

（5）用针尖剪刀轻轻垂直夹住距探针一端 2 mm 处，慢慢转动剪刀使探针与剪刀呈 30°～40°夹角，快速往前剪去，同时伴有向前拔离的冲力，冲力方向与剪刀和针形成的角度要一致。

（6）对光用放大镜仔细观察探针的尖端，如果尖端基本呈三角尖形，可向下继续实验，否则重复操作（3）～（5）。

（7）用小镊子弯折探针另一端 5 mm 处呈 45°角。

（8）此端插入 STM 探头针导管内，使针尖露出针导管 4～6 mm，注意针尖偏离方向。

2. HOPG（高序石墨）样品准备

样品必须有良好的导电性。在大气中，样品表面往往会吸附一层污物，这会影响成像质量，最好用新鲜的样品表面，样品表面不宜太粗糙。

（1）把 HOPG 样品用导电胶固定在圆形磁性钢片基底上。

（2）用普通剪刀剪取 3 cm 透明胶一段。

（3）用透明胶一端黏在样品表面，并轻轻挤按，使样品表面大部分黏上胶带。

（4）从 HOPG 样品表面的一角开始快速剥离透明胶带，如果样品表面不很平整，可用透明胶带的边缘仔细修饰样品表面卷翘的部分，注意已剥离好的平整部分不能再碰透明胶。

（5）小心地将样品的表面向上、样品衬底向下吸放在扫描器上的样品座上，移动样品衬底与样品座相互摩擦 3～5 次，使两者保持良好导电性。

3. 探头安装

（1）插好探头信号线插头座，将探头针尖朝下轻放在机座的三支点上，注意先使右粗调螺杆的圆头顶在探头的定位圆坑内，再使左粗调螺杆的圆头顶在探头的定位槽内。如果步进马达的螺杆圆头太高或太低,这时可以打开控制箱电源,手动控制步进马达,将螺杆圆头降低或升高。

(2) 反复调整左、右粗调螺杆(顺时针为进针)和步进马达,使针尖与样品表面基本垂直并距样品表面 1.5 mm 左右。

(3) 仔细调整左、右粗调螺杆,在观察采光窗或使用放大镜查看,使针尖的尖端与样品表面反射形成的针尖尖端影像成 0.2~0.5 mm 距离(可根据熟练程度掌握)。在距离很近时,要千万注意决不可使针尖接触样品,否则就必须重新制备针尖了。

(4) 双手按在悬吊环两边,慢慢向下加压,将悬吊环下降到探头金属罩底圈上(注意悬吊环对准此金属罩底圈的滑槽),再稍稍转动悬吊环,使悬吊环位于槽内,慢慢向上减压,使悬吊环和整个头部上升到自由平衡状态,并无摆动。

(5) 关闭防尘隔音箱门。

4. 实验开始

(1) 开启 PC 机。

(2) 开启 STM 控制箱电源。

(3) 执行在线软件,单击菜单"视图\高度图像",出现控制界面。

(4) 参数调节主要有:"扫描范围"置于 0,X 偏置和 Y 偏置置于 0,"扫描角度"为 0,"扫描速度"为 1 H 左右,"比例增益"为 1.0,"积分增益"为 3.0,"针尖偏压"置于 50 mV,"隧道电流"置于 0.5 nA,选择"显示模式"为"图像模式","实时校正模式"为"线平均校正","数据范围"为 100 nm,如图 11 所示。

(5) 此时单击菜单"视图\Z 高度",出现"Z 高度面板",观察红线居于 0 V,此时 Z 方向反馈并未工作,如图 12 所示。

(6) 单击菜单"马达\高级控制",选择驱进停止电流为 0.2 nA,然后单击"单步退",观察"Z 高度面板"红线位置,这时 Z 方向反馈开始工作。若红线居于+100 V 位置,表明 STM 针尖已撞上样品,重新回到针尖制作与安装第 3 步,HOPG 样品可不再重做。若红线居于-100 V 位置,则继续以下步骤,如图 13 所示。

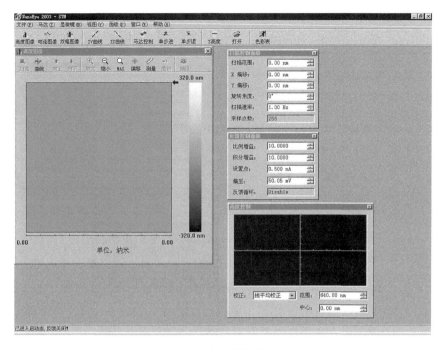

图 11　参数调节窗口

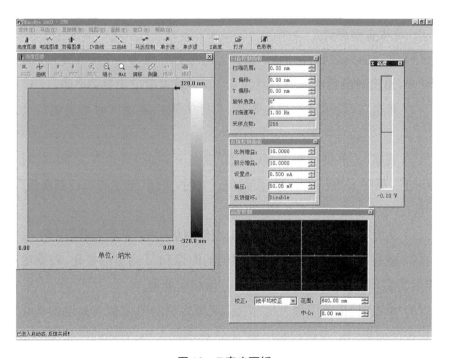

图 12　Z 高度面板

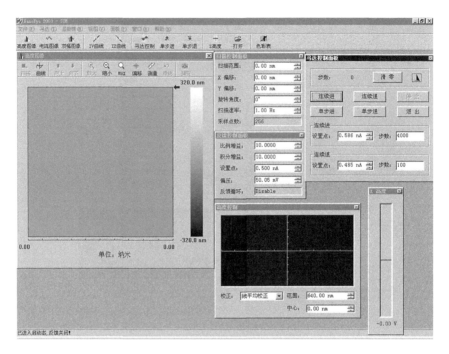

图 13 "马达\高级控制"窗口

5. 马达自动驱进

（1）在"马达高级控制面板"选择驱进停止电流为 0.2 nA,最大驱进步数 5 000 步,退出时隧道电流判断点为 0.1 nA,最大退出步数 200 步。

（2）单击"连续驱进",耐心等待,当针尖进入隧道区时步进电机会自动停住。

（3）观察"Z 高度面板"红线位置,应在 $-50\sim-100$ V 之间,此时点击"单步进",观察 Z 电压的读数,直到按近 0 时,关闭"马达高级控制面板"。

6. 开始扫描

（1）将"积分增益"改变 1.0,单击图像面板中的"开始扫描"图标。

（2）观察"扫描范围"为 0 nm 得到的图像和 Z 高度的变化,根据噪声水平判断防震和针尖制备的好坏程度,并做相应处理。

（3）单击"扫描范围最大化"图标,观察得到的图像和 Z 高度的变化。在"扫描控制面板"和"反馈控制面板"上选择不同大小、方向的样品偏压和隧道电流(隧道电流不得大于 100 nA),耐心调节比例增益和积分增益,并对样品不同选区或不同角度进行扫描,直到获得满意的图像。

(4) 在平坦区域选择 300 nm 的扫描范围,选择 10～50 mV 的偏压,约 5 Hz的扫描速度,改变到合适的比例增益、积分增益,观察原子台阶的形貌图像,可将较理想图像成果及时存盘。

(5) 在平坦区域避开原子台阶处选择 10 nm 的扫描范围,约 5～10 Hz 的扫描速度,适当的比例增益和积分增益,观察 HOPG 原子的形貌图像,将较理想的图像成果存盘。如不及时存盘,一旦现场或环境发生任何变化,此次成果图像就有可能失去。

7. 结束实验

(1) 置扫描范围为 0 nm,停止扫描,积分增益为 50。

(2) 单击菜单:"马达\高级控制",单击"连续退出",针尖退出隧道区。

(3) 观察"Z 高度面板"红线位置,应在 0 V 位置上,反馈此时断开。

(4) 使用手动退出,按住手动退钮约 5 s。

(5) 退出 STM 软件,关闭控制箱电源。

关机后,应间隔 5 min 后,方能第二次开机。否则,易损坏仪器。

8. 怎样获得一幅好的 STM 图像

并非任何一个人都能立即掌握 STM。同样一台仪器,有些人可以很快获得很好的图像,有些人却不能。

9. 针尖和样品

(1) 针尖是 STM 出好的图像的关键部分。最好用电化学腐蚀的针尖,当然,用剪切的方式制作针尖比较简便,在 AJ－Ⅰ型 STM 上也可以使用。

(2) 电化学腐蚀的针尖有利于测量表面较粗糙的样品,而剪切的针尖由于其顶端较粗,不利于这种测量。在原子级平整的样品上,腐蚀针尖和剪切针尖的差别并不太大。

(3) 避免针尖尖头污染。在腐蚀或剪切过程中,针尖尖部很可能残留一些污物,这对原子成像是致命的。一般来说,新做的针尖要在丙酮溶液中浸一下,轻轻摇动使其挥发后再使用。

(4) 有时候,一个针尖测量样品时,由于在空气中样品与针尖之间可能吸附水汽等物质,故而在测量一段时间后,针尖尖部很容易吸附上一点污物,从而无法得到好的图像,这时应当将针尖再清洗一下或换一个针尖再测。

(5) 绝对要避免针尖撞上样品,即使轻微的撞击也不行。有时候,在快速扫描表面起伏大的样品时,很容易撞上样品,所以,在大起伏的样品上,扫描速度要尽量慢。

(6) 现在大部分实验人员都采用 Pt-Ar 的针尖,但仍有一部分人在用钨针尖,因为钨针尖很容易腐蚀得到。但在空气中,钨针尖易氧化,所以一般它的使用寿命少于一天,而 Pt-Ar 针尖在丙酮清洗后往往可以一直用下去。

(7) 在进行原子测量时,有时针尖顶端并非一个原子,因此会出现多针尖效应,这时,需要耐心等待,可以调节偏压值(如升高再很快恢复),让针尖得到修饰。一般来说,经过长时间的扫描,单原子针尖还是比较容易得到的,而且它比较稳定。如果实在无法消除多针尖效应,那就只能换一个针尖或重剪。

(8) 对于要求高的测量者来说,比如希望做单原子操纵的实验者,一个原子级尖锐且稳定的针尖是至关重要的。这可以通过筛选的办法得到,找一个喷溶(无污染)的表面,然后用不同的针尖进行 100 nm 范围的快速扫描,凡能容易得到稳定图像的针尖一般都比较好。

(9) 通过对针尖加脉冲电压的办法也可以修饰针尖,加上几伏的微秒级宽度的脉冲电压,很容易使针尖的污物脱离。有时也可以使尖端更尖锐。

(10) 样品必须有良好的导电性。在大气中,样品表面往往会吸附一层污物,这会影响成像质量。最好用新鲜的样品表面。

(11) 样品表面不宜太粗糙。

10. 电子学—反馈控制

(1) 比例积分增益调节。一般来说,比例增益越大,反馈越快;积分增益越大,反馈越快。通过比例、积分的调节,可以把反馈回路的速度调节在适当位置,以期得到好的图像。

(2) 反馈速度太快易引起共振。所以,理想的成像条件是在不引起共振的前提下,反馈速度尽量快。也就是说,在不引起共振的前提下,比例增益尽量大,积分增益尽量大(临界阻尼)。

(3) 对于大起伏样品,扫描遇到起伏变化比较大时,往往更易引起共振。所以,建议测量较大起伏样品时,扫描速度要尽量慢,反馈速度也要慢一些。

(4) 如果反馈速度太慢,在遇到大起伏时,反馈回路往往来不及反应。这时不仅容易撞针,而且经常出现图像的"拉线"现象,即在一个凸起后,会出现一条直的线。消除这种拉线,就要使反馈加快一些。

(5) 因此,反馈既不能太快,也不能太慢。对于不同的样品表面,其需要的比例、积分增益可能都不同。建议操作者要耐心地反复调节这两个参数,直到自己满意的图像出现为止。

(6) 要得到原子图像,一般需要扫描速度快些,这样可以消除一些热漂移带来的干扰,有时也能有效地消除低频震动的干扰,而反馈速度可以慢一些,这样能使图像看起来较光滑。

11. 针尖电压/隧道电流

(1) 针尖电压,对不同的样品不一样。通常对 HOPG 等导电性好的样品,可在 $10 \sim 100$ mV,对半导体可达到几伏,对生物样品 0.1 V 左右。

(2) 隧道电流,对 HOPG,一般在 1 nA。

(3) 不同样品,根据导电特性不同,其电压、电流值都会不同。

(4) 建议要有耐心地调节电压/电流值,直至得到好图像。

12. 软件部分

AJ-Ⅰ型 STM 的软件影响图像质量的关键因素是:扫描速度和扫描方向。

(1) 扫描速度的选择对于原子级成像来说,由于扫描范围很小,所以可用较快的扫描速度。对于大尺度扫描,必须放慢扫描速度。为了有效地避免拉线(系统反馈跟不上),可以通过增加一些扫描速度来消除。

(2) 在原子级成像时,有时由于多针尖效应,图像在 X 扫描方向上不易分开。通过改变扫描方向,可以有效地获得高分辨率的原子图像。

13. 其他

(1) 有时,图像容易出现震动干扰,这可能是由于某部件松动造成的。

例如,探针在针导管中固定得不够紧、样品在样品台上吸附得不紧、螺旋杆松动、几个配合的部件之间松动等。

（2）引出的电缆线的拉力容易引入震动干扰,应尽量使之松弛。

（3）有时易出现 50 Hz 电磁干扰,这很可能是接线部分接触不好引起的,或样品台与样品之间的电接触不好,信号线与针尖的电接触不好等。

（4）一般来说,针尖进入隧道区时,开始时漂移较大,但经过 20 min 左右,漂移将会明显变小。如果漂移一直很大,可能是环境温度不符合要求,或是针尖固定不紧造成的。

实验十

声 光 效 应

一、实验课题意义及要求

　　声光效应是指光通过某一受到超声波扰动的介质时发生衍射的现象,这种现象是光波与介质中声波相互作用的结果。早在 20 世纪 30 年代就开始了声光衍射的实验研究。60 年代激光器的问世为声光现象的研究提供了理想的光源,促进了声光效应理论和应用研究的迅速发展。声光效应为控制激光束的频率、方向和强度提供了一个有效的手段。利用声光效应制成的声光器件,如声光调制器、声光偏转器和可调谐滤光器等,在激光技术、光信号处理和集成光通信技术等方面有着重要的应用。

　　本实验要求学生了解声光效应的原理,了解布拉格衍射的实验条件和特点,并通过对声光器件衍射效率和带宽等的测量,加深对其概念的理解。测量声光偏转和声光调制曲线。观察利用超声功率调制原理传输音频信号。

二、参考文献

　　[1]　王炳和,李宏昌.声光衍射及其应用[J].武警技术学院学报,1995(1):15－20.

　　[2]　曹跃祖.声光效应原理及应用[J].物理与工程,2000,10(5):46－52.

　　[3]　闫迎利.压电效应及其应用[J].安阳师范学院学报,2001(2):44－45.

　　[4]　赵洋.用超声衍射效应实现位移测量[J].光学技术,1998(1):

13 - 14.

[5] 赵启大.声光信号处理和光计算[J].现代物理知识,2000(增刊):84 - 91.

[6] 俞宽新,赵启大,等.声电光效应与声电光器件[J].光学学报,1997,17(2):253 - 256.

三、提供的仪器与材料

SO2000声光效应实验仪,模拟通信发送器,模拟通信接收器,20 MHz双踪示波器,数字频率计。

四、开题报告及预习

1. 什么是压电效应？ 日常生活中能否接触到利用压电效应的一些用品？

2. 什么是声光效应？

3. 拉曼-纳斯衍射与布拉格衍射的区分。

4. 声光偏转器和声光调制器的物理基础是什么？

5. 熟悉声光效应与声光模拟通信实验的线路图,并考虑能否改变线路实现其他功能。

五、实验课题内容及要求

1. 按照声光效应实验要求安装好整套实验装置。

2. 熟悉功率信号源的操作方法,仔细调节光路。

3. 调出布拉格衍射,对示波器显示屏上0级与1级衍射光的距离 X_s 定标,确定定标方案。

4. 布拉格衍射下测量衍射光相对于入射光的偏转角 φ 与超声波频率(即电信号频率) f_s 的关系曲线,要求测出6～8组数据,自行拟定具体实验方案。

5. 布拉格衍射下,测量1级衍射光相对于0级衍射光的相对强度(衍射效率 η)与超声波频率 f_s 的关系曲线,并定出声光器件的带宽 B_w 和中心频

率 f_c 以及最大的衍射效率 η_{max}，自行拟定具体实验方案。

6. 在布拉格衍射条件下，将功率信号源的超声波频率固定在声光器件的中心频率 f_c 上，测出 0 级和 1 级衍射光的强度 I_0 和 I_1 与超声波功率 P_s 的关系曲线(P_s-I)，要求测量 8~10 组数据并确定大致功率调制的范围，自行拟定基本实验方案。

7. 按照声光模拟通信实验安装线路，完成声光调制模拟通信实验的仪器安装与调试，改变超声波功率 P_s，注意观察模拟通信接收器的音乐质量变化情况，分析原因。

六、实验结题报告及论文

1. 报告实验课题研究的目的。

2. 介绍实验基本原理和实验方法。

3. 介绍实验所用的仪器装置及其操作步骤。

4. 对实验数据按照课题内容与要求进行处理和计算。

(1) 利用示波器定标出 X_s 后，再利用折射率定律，计算偏转角 φ($\varphi = 2\theta_B$)，用最小二乘法作直线的拟和，作出 f_s - φ 曲线。

(2) 在坐标纸上用描点法作出 f_s - η 曲线，并确定带宽 B_w 和中心频率 f_c，最大衍射效率 η_{max}。

(3) 在坐标纸上描出 P_s - I 曲线，并确定一个最佳功率调制点。

5. 报告通过本实验所得收获并提出自己的意见。

实 验 指 导

一、实验原理

1. 超声波的产生

任何振动物体都可以成为声源，声音可以借助于介质(空气、水等)传播，介质能传播声音是因为它有质量和弹性。这种能量的传播方式称为波。声波一般是弹性纵波，人耳能听到的声波频率约为 $10^2 \sim 10^4$ Hz，而将声频范围在几十千赫兹到几千千赫兹的声波叫超声波,波形也从单纯的纵波扩展到横波、表面波等。

超声波的产生主要是利用某些电介质的压电效应,某些电介质如石英、压电陶瓷、铌酸锂晶体等,当沿着一定方向对其施加压力使其变形时,内部产生极化现象,结果在它的两个表面上便产生相反的电荷,而外力去掉后,恢复到不带电的状态,外力方向改变时,产生的电荷极性也相应改变,这种机械能转为电能的现象称为"正压电效应"。相反,当在电介质极化方向施加电场,这些电介质也会产生变形,这种现象称为"逆压电效应"(电致伸缩效应)。若在这种电介质材料极化方向上施加频率在几十千赫兹以上的交流电压,则电介质按照这种频率和变化规律周期性地变形振动。从而成为一个超声波声源。本实验中超声发生器电介质为铌酸锂晶体。

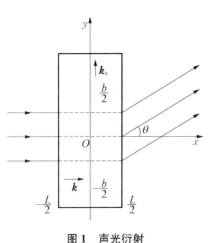

图 1 声光衍射

2. 声光效应

当超声波在介质中传播时,将引起介质的弹性应变作时间上和空间上的周期性变化,并且导致介质的折射率也发生相应的变化。当光束通过有超声波的介质后就会产生衍射现象,这就是声光效应(见图 1)。

声光效应有正常声光效应和反常声光效应之分。在各向同性介质中,声-光相互作用不导致入射光偏振状态的变化,产生正常声光效应。在各向异性介质中,声-光相互作用可能导致入射光偏振状态的变化,产生反常声光效应。反常声光效应是制造高性能声光偏转器和可调滤光器的物理基础。正常声光效应可用拉曼-纳斯的光栅假设作出解释,而反常声光效应不能用光栅假设作出说明。在非线性光学中,利用参量相互作用理论,可建立起声-光相互作用的统一理论,并且运用动量匹配和失配等概念对正常和反常声光效应都可作出解释。本实验只涉及各向同性介质中的正常声光效应。

晶体介质在应力的作用下发生形变时,分子间的相互作用力发生改变,

导致介电常量 ε 和折射率 n 的改变,这样就会影响光波在晶体介质中的传播特性。

设声光介质中的超声行波是沿 y 方向传播的平面纵波,其角频率为 ω_s,波长为 λ_s,波矢为 $\boldsymbol{k}_s$。入射光为沿 x 方向传播的平面波,其角频率为 ω,在介质中的波长为 λ,波矢为 $\boldsymbol{k}$。介质内的弹性应变也以行波形式随声波一起传播。由于光速大约是声波的 10^5 倍,在光波通过的时间内,介质在空间上的周期变化可看成是固定的。

超声行波在介质中传播时,其应变也以行波形式传播,当声波在各向同性介质中传播时,应变 S 可作为标量处理所以可写成

$$S = S_0 \sin(\omega_s t - k_s y) \tag{1}$$

式中,S_0 为应变幅值,ω_s 为角频率。

当应变较小时,折射率作为 y 和 t 的函数可写作

$$n(y,\ t) = n_0 + \Delta n \sin(\omega_s t - k_s y) \tag{2}$$

式中,n_0 为无超声波时的介质折射率,Δn 为声波折射率变化的幅值,可由下式表示:

$$\Delta n = -\frac{1}{2} n^3 P S_0 \tag{3}$$

式中,n 为介质折射率,P 为弹光系数。当介质为各向同性时,P 可作标量处理。

由上述简单分析:在晶体介质中传播的超声波会造成晶体局部压缩或伸长(形变),并使晶体折射率发生相应的变化,于是在介质中形成了周期性的有不同折射率的间隔层,这些层以声速运动。对于介质中的行波声场,折射率增大或减小交替进行,如式(2)所示,因此,有超声波传播着的介质如同一个相位光栅。

设光束垂直入射($k \perp k_s$)并通过厚度为 L 的介质,则前后两点的相位差为

$$
\begin{aligned}
\Delta\Phi &= k_0 n(y,t) L = k_0 n_0 L + k_0 \Delta n L \sin(\omega_s t - k_s y) \\
&= \Delta\Phi_0 + \delta_\Phi \sin(\omega_s t - k_s y)
\end{aligned}
\tag{4}
$$

式中，k_0 为入射光在真空中的波矢的大小，右边第一项 $\Delta\Phi_0$ 为不存在超声波时光波在介质前后两点的相位差，第二项为超声波引起的附加相位差（相位调制），$\delta\Phi = k_0\Delta nL$。可见，当平面光波入射在介质的前界面上时，超声波使出射光波的波阵面变为周期变化的皱折波面，从而改变了出射光的传播特征，使光产生衍射。

设入射面上 $x = -\dfrac{L}{2}$ 的光振动为 $E_i = A\,\mathrm{e}^{\mathrm{i}t}$，$A$ 为一常数，也可以是复数。考虑到在出射面上 $x = \dfrac{L}{2}$ 各点相位的改变和调制，在 xy 平面内离出射面很远一点处的衍射光叠加结果为

$$E \propto A\int_{-\frac{b}{2}}^{\frac{b}{2}} \mathrm{e}^{\mathrm{i}\left[(\omega t - k_0 n(y,\,t)L) - k_0 y\sin\theta\right]}\,\mathrm{d}y$$

写成等式为

$$E = C\,\mathrm{e}^{\mathrm{i}\omega t}\int_{-\frac{b}{2}}^{\frac{b}{2}} \mathrm{e}^{\mathrm{i}\delta\Phi\sin(k_s y - \omega_s t)}\,\mathrm{e}^{-\mathrm{i}k_0 y\sin\theta}\,\mathrm{d}y \tag{5}$$

式中，b 为光束宽度，θ 为衍射角，C 为与 A 有关的常数，为了简单可取为实数。利用一与贝塞耳函数有关的恒等式

$$\mathrm{e}^{\mathrm{i}a\sin\theta} = \sum_{m=-\infty}^{\infty} J_m(a)\,\mathrm{e}^{\mathrm{i}m\theta}$$

式中，$J_m(a)$ 为（第一类）m 阶贝塞耳函数，将式(5)展开并积分得

$$E = Cb\sum_{m=-\infty}^{\infty} J_m(\delta\Phi)\,\mathrm{e}^{\mathrm{i}(\omega - m\omega_s)t}\,\frac{\sin\left[b(mk_s - k_0\sin B)/2\right]}{b(mk_s - k_0\sin\theta)/2} \tag{6}$$

式(6)中与第 m 级衍射有关的项为

$$E_m = E_0\,\mathrm{e}^{\mathrm{i}(\omega - m\omega_s)t} \tag{7}$$

$$E_0 = Cb\,J_m(\delta\Phi)\,\frac{\sin\left[b(mk_s - k_0\sin\theta)/2\right]}{b(mk_s - k_0\sin\theta)/2} \tag{8}$$

因为函数 $\sin x/x$ 在 $x = 0$ 时取极大值，因此有衍射极大的方位角 θ_m 由下式决定：

$$\sin\theta_m = m\,\frac{k_s}{k_0} = m\,\frac{\lambda_0}{\lambda_s} \tag{9}$$

式中,λ_0 为真空中光的波长,λ_s 为介质中超声波的波长。与一般的光栅方程相比可知,超声波引起的有应变的介质相当于一光栅常数为超声波长的光栅。由式(7)可知,第 m 级衍射光的频率 ω_m 为

$$\omega_m = \omega - m\omega_s \tag{10}$$

可见,衍射光仍然是单色光,但发生了频移。由于 $\omega \gg \omega_s$,这种频移是很小的。

第 m 级衍射极大的强度 I_m 可用式(7)模数平方表示:

$$I_m = E_0 E_0^* = C^2 b^2 J_m^2(\delta\Phi) = I_0 J_m^2(\delta\Phi) \tag{11}$$

式中,E_0^* 为 E_0 的共轭复数,$I_0 = C^2 b^2$。

第 m 级衍射极大的衍射效率 η_m 定义为第 m 级衍射光的强度与入射光强度之比。由式(11)可知,η_m 正比于 $J_m^2(\delta\Phi)$。当 m 为整数时,$J_{-m}(\alpha) = (-1)^m J_m(\alpha)$。由式(9)和式(11)表明,各级衍射光相对于零级对称分布。

当光束斜入射时,如果声光作用的距离满足 $L < \lambda_s^2/(2\lambda)$,则各级衍射极大的方位角 θ_m 由下式决定:

$$\sin\theta_m = \sin i + m\,\frac{\lambda_0}{\lambda_s} \tag{12}$$

式中,i 为入射光波矢 $\boldsymbol{k}$ 与超声波波面之间的夹角。上述的超声衍射称为拉曼-纳斯衍射,有超声波存在的介质起一**平面相位光栅**的作用。

当声光作用的距离满足 $L > 2\lambda_s^2/\lambda$,而且光束相对于超声波波面以某一角度斜入射时,在理想情况下除了 0 级之外,只出现 1 级或者 -1 级衍射,如图 2 所示。这种衍射与晶体对 X 光的布拉格衍射很类似,故称为布拉格衍射。能产生这种衍射的光束入射角称为布拉格角。此时的有超声波存在的介质起**体积光栅**的作用。可以证明,布拉格角满足:

$$\sin\theta_B = \frac{\lambda}{2\lambda_s} \tag{13}$$

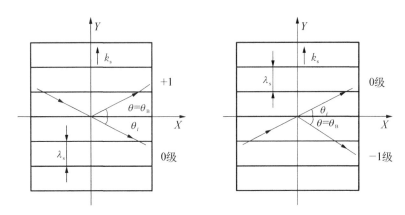

图 2 布拉格衍射

式(13)称为布拉格条件。因为布拉格角一般都很小,故衍射光相对于入射光的偏转角 φ 为

$$\varphi = 2\theta_B \approx \frac{\lambda}{\lambda_s} = \frac{\lambda_0}{n v_s} f_s \tag{14}$$

式中, v_s 为超声波波速, f_s 为超声波频率,其他量的意义同前。在布拉格衍射的情况下,一级衍射光的衍射效率为

$$\eta = \sin^2\left[\frac{\pi}{\lambda_0}\sqrt{\frac{M_2 L P_S}{2H}}\right] \tag{15}$$

式中, P_s 为超声波功率, L 和 H 为超声换能器的长和宽, M_2 为反映声光介质本身性质的一常数, $M_2 = n^6 P^2/\rho v_s^\delta$, ρ 为介质密度, P 为弹光系数。在布拉格衍射下,衍射光的频率也由式(10)决定。

若合理选择参数,同时超声波功率足够强,可使入射光的能量几乎全部转移到 1 级衍射光上,因此入射光束的能量可以充分得到应用。理论上布拉格衍射的衍射效率可达到 100%,拉曼-纳斯衍射中一级衍射光的最大衍射效率仅为 34%,所以实用的声光器件一般都采用布拉格衍射。

由式(14)和式(15)可看出,通过改变超声波的频率 f_s 和功率 P_s,可分别实现对激光束方向的控制和强度的调制,这是声光偏转器和声光调制器的物理基础。若能实现将有用的信息调制超声波的功率,通过声光调制,可实现有用信息由光波载送,在目的地通过光电接收和解调,还原出我们所需的有用信息。此外,从式(10)可知,超声光栅衍射会产生频移,因此利用声光效应还可制成频移器件。超声频移器在计量方面有重要应用,如用于激光多普勒测速仪等。

二、仪器使用说明

一套完整的 SO2000 声光效应实验仪(见图 3)配有:已安装在转角平台上的 100 MHz 声光器件、半导体激光器、100 MHz 功率信号源、LM601 CCD 光强分布测量仪及光具座。每个器件都带有 Φ10 的立杆,可以插在通用光具座上。

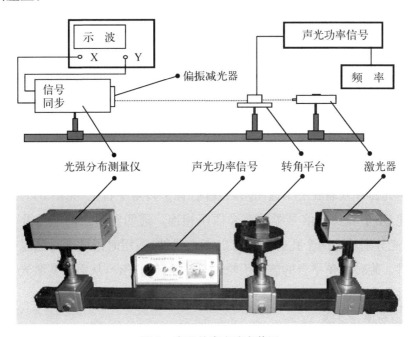

图 3 声光效应实验安装图

1. 声光器件

声光器件的结构示意图如图 4 所示。它由声光介质、压电换能器和吸声材料组成。

本实验采用的声光器件中的声光介质为**钼酸铅**,吸声材料的作用是吸收通过介质传播到端面的超声波以建立超声行波。将介质的端面磨成斜面或牛角状,也可达到吸声的作用。压电换能器又称超声发生器,由**铌酸锂**晶体或其他压电材料制成。它的作用是将电功率换成声功率,并在声光介质中建立起超声场。压电换能器既是一个机械振动系统,又是一个与功率信号源相联系的电振动系统,或者说是功率信号源的负载。为了获得最佳的电声能量转换效率,换能器的阻抗与信号源内阻应当匹配。声光器件有一个衍射效率最大的工作频率,此频率称为声光器件的**中心频率**,记为 f_c。对于其他频率的超声波,其衍射效率将降低。规定衍射效率(或衍射光的相对光强)下降 $3\,\mathrm{db}$(即衍射效率降到最大值的 $1/\sqrt{2}$)时两频率间的间隔为声光器件的**带宽 B_w**。

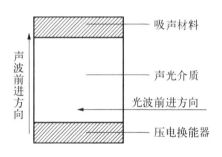

图 4　声光器件的结构

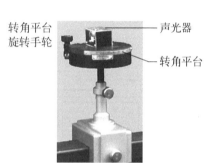

图 5　转角平台

声光器件安装在一个透明塑料盒内,置于转角平台上(见图 5)。盒上有一插座,用于和功率信号源的声光插座相连。透明塑料盒两端各开一个小孔,激光分别从这两个孔射入和射出声光器件,不用时用贴纸封住以保护声光器件。旋转转角平台的旋转手轮可以转动转角平台,从而改变激光射入声光器件的角度。

2. 功率信号源

SO2000 功率信号源专为声光效应实验配套,输出频率范围为 $80\sim 120\,\mathrm{MHz}$,最大输出功率 $1\,\mathrm{W}$。面板上的各输入/输出信号和表头含义如下:

等幅/调幅: 做基本的声光衍射实验时,要打在"等幅"位置,否则信号源无输出;做模拟通信实验时,要打在"调幅"位置。

调制: 输入信号插座。"等幅/调幅"开关处于"调幅"位置时,此位置接上"模拟通信发送器",从"调制"端口输入一个 TTL 电平的数字信号,就可以对声功率进行幅度调制,频率范围 $0\sim20$ kHz。调制波的解调可用光电池加放大电路组成的"光电池盒"来实现。具体方法是,移去 CCD 光强分布测量仪,安置上"光电池盒","光电池盒"再与"模拟通信接收器"相连。将 1 级衍射光对准"光电池盒"上的小孔,适当调节半导体激光器的功率,就可以用喇叭或示波器还原调制波的信号,进行模拟通信实验。模拟通信收发器的介绍见后文。

声光:输出信号插座。用于连接声光器件,将功率信号源的电信号传入声光器件,经压电换能器转换为声波后注入声光介质。

测频:输出信号插座。接频率计,用于测量功率信号源输出信号的频率。

频率旋钮:用于改变功率信号源的输出信号的频率,可调范围 $80\sim$ 120 MHz。逆时针到底是 80 MHz,顺时针到底是 120 MHz。

功率旋钮:用于调节功率信号源的输出功率,逆时针减小,顺时针变大。面板上的毫安表读数作功率指示用,读数值×10 约等于功率毫瓦数。**使用时,为保证声光器件的安全,不要长时间处于功率最大位置**!

3. LM601 CCD 光强分布测量仪

用线阵 CCD 光强分布测量仪而不是用单个光电池来作光电接收器的好处是:可以在同一时刻实时地显示、测量各级衍射光的相对强度分布,不受光源强度跳变、漂移的影响。在衍射角的测量上也有很高的精度。除在示波器上测量外,也可用计算机来采集处理实验数据(需增购一块 CCD 采集卡)。

CCD 器件是一种可以电扫描的光电二极管列阵,有面阵(二维)和线阵(一维)之分。LM601 CCD 光强仪所用的是线阵 CCD 器件,参数如表 1 所示。LM601 CCD 光强仪机壳尺寸为 150 mm×100 mm×50 mm,CCD 器件的光敏面至光强仪前面板距离为 4.5 mm。

表 1 CCD 器件参数

光敏元数	光敏元尺寸	光敏元中心距	光敏元线阵有效长	光谱响应范围	光谱响应峰值
2 592 个	11 μm×11 μm	11 μm	28.67 mm	0.35 μm~0.9 μm	0.56 μm

LM601 光强仪内部电路结构如图 6 所示,波形如图 7 所示,后面板各插孔含义如下:

示波器/微机: 当光强仪配接的是 CCD 数显示波器或通用示波器时,将此开关打在"示波器"位置,"同步"脉冲频率为 50 Hz;当配接的是按装有 CCD 采集卡的微机系统时,把开关打在"微机"位置,"同步"脉冲频率为 1～5 Hz,"采样"脉冲频率为 10～15 kHz。

信号: CCD 器件接受的空间光强分布信号的模拟电压输出端,送往示波器的测量信号通道;送往微机时,接电缆线的红色插头。

同步: 启动 CCD 器件扫描的触发脉冲,"同步"的含意是"同步扫描",主要供示波器 X 轴外同步触发和采集卡同步用;送往微机时,接电缆线的黄色插头。

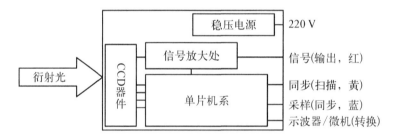

图 6　LM601 CCD 光强仪内部电路结构框架图

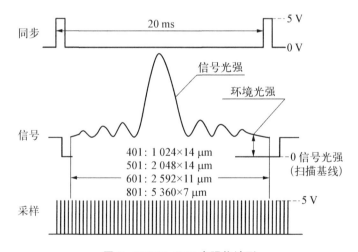

图 7　LM601 CCD 光强仪波形

采样：每一个脉冲对应于一个光电二极管，脉冲的前沿时刻表示外接设备可以读取光电管的光电压值，"采样"信号是供 CCD 采集卡"采样"同步和供 SB14 CCD 专用数显示波器作 X 位置计数。此脉冲也可作为几何形状测量时的计数脉冲。接通用示波器时此信号空置；接微机时，接电缆线的蓝色插头。

在光强仪面板前设有一个可旋转的减光器，其作用是防止 CCD 器件受到过强的衍射光照射而饱和。饱和的表现为在示波器上没有信号波形或波形曲线顶端有"削头"现象。使用时，先旋转减光器，能看清 CCD 器件上的一条白线（光敏元线阵），调整相应部件，使衍射光能照到这条白线上，然后旋转减光器，或调节半导体激光器的功率，使在示波器上有一个较满意的波形。

4. 模拟通信收发器

模拟通信收发器由 3 件仪器组成：模拟通信发送器、模拟通信接收器和光电池盒。

（1）模拟通信发送器的各接口及开关描述如下：

调制：输出信号插座。当功率信号源的"等幅/调幅"开关处于"调幅"位置时（即做模拟通信实验时），此位置接上功率信号源的"调制"插座，即向功率信号源输出 TTL 电平的数字调制信号用于对声功率进行幅度调制。

示波器：如果要在双踪示波器上对比观察本模拟通信实验中发送和接收到的音乐 TTL 电平的数字信号，则此插座接示波器的一路通道，并作为触发信号；模拟通信接收器的"示波器"插座接示波器的另一路通道。

喇叭开关：用于选择是否监听发送器送出的音乐 TTL 信号。

选曲开关：发送器可以送出的音乐 TTL 信号有两首乐曲，用此开关选择。

（2）模拟通信接收器的各接口描述如下：

光电池：接光电池盒。

示波器：如果要在双踪示波器上对比观察本模拟通信实验中发送和接收到的音乐 TTL 电平的数字信号，则此插座接示波器的一路通道；模拟通信发送器的"示波器"插座接示波器的另一路通道，并作为触发信号。

音量旋钮：调节模拟通信接收器还原出来的音乐 TTL 信号的音量

大小。

（3）光电池盒

取代 LM601 CCD 光强分布测量仪，与模拟通信接收器的"光电池"插座连接并向模拟通信接收器传送接收到的带调制信号的衍射光信号。

5. 半导体激光器

半导体激光器输出光强稳定、功率可调、寿命长。在后面板上有一只调节激光强度的电位器，在盒顶和盒侧各有一只作 X-Y 方向微调的手轮。性能参数见激光器外壳上的铭牌。

三、实验内容

1. 声光效应实验

1）线缆安装（见图 3）

（1）光强分布测量仪到示波器：同型号 2 根，每根一头为 Φ3 插头，接光强分布测量仪；一头为 Q9 插头，接示波器。这两根线中，一根连接光强分布测量仪的"信号"和示波器的测量输入通道（X，Y 任选），另一根连接光强分布测量仪的"同步"和示波器的外触发同步通道。

（2）功率信号源到转角平台上的声光器件：1 根。其一头为 Q9 插头，连接声光器件，一头为莲花插头，连接功率信号源的"声光"插座，此时，功率信号源要打在"等幅"上；当使用模拟通信收发器时，要打在"调幅"上。"测频"插座与频率计相应输入插座相连。

2）操作步骤

（1）完成安装后，开启除功率信号源之外的各部件的电源。

（2）仔细调节光路，使半导体激光器射出的光束准确地由声光器件外塑料盒的小孔射入、穿过声光介质、由另一端的小孔射出，再透过偏振减光器，照射到 CCD 采集窗口上，这时衍射尚未产生（声光器件尽量靠近激光器）。

（3）用示波器测量时，将光强仪的"信号"插孔接至示波器的 Y 轴，电压档置 0.1～1 V/格档，扫描频率一般置 2 ms/格档；光强仪的"同步"插孔接至示波器的外触发端口，极性为"＋"。适当调节"触发电平"，在示波器上可以看到一个稳定的类似图 7 所示的单峰波形。用计算机测量时，将 CCD 采集卡插入计算机的 ISA 扩展槽内,并用电缆线将采集卡与 CCD 光强仪连接起来,启动与卡配套的工作软件即可采集、处理实验波形和数据。

(4) 如在示波器顶端只有一直线而看不到波形,这是 CCD 器件已饱和所致。可试着减弱环境光强、减小激光器的输出功率、转动 CCD 光强仪上的偏振减光器,问题就可得以解决。

(5) 如果在示波器上看到的波形不怎么光滑,有"毛刺",大多是由 CCD 光强分布测量仪上附加的"偏振减光器"引起的,或是偏振膜介质不均匀,或是落有灰尘。可通过转动活动马鞍座侧面的旋钮来移动 CCD 光强分布测量仪或改变光束的照射位置来解决这个问题。

(6) 得到满意的波形后,打开功率信号源的电源。

(7) 微调转角平台旋钮,改变激光束的入射角,可获得布拉格衍射或拉曼-纳斯衍射。本实验的声光器件是为布拉格衍射条件设计制造的,并不满足拉曼-纳斯衍射条件。如有条件,最好另配一套中心频率为 10 MHz 左右的声光器件和功率信号源,专门研究拉曼-纳斯衍射。这里为降低成本,本实验只对拉曼-纳斯衍射作定性观察。

(8) 实际调节时,可在 CCD 采集窗口前置一白纸,在纸上看到正确的图形后再让它射入采集窗口。

(9) 在布拉格衍射条件下,将功率信号源的"功率旋钮"置于中间值,固定,"旋转频率"旋钮而改变信号频率,0 级光与 1 级光之间的衍射角随信号频率的变化而变化。这是声光偏转。

(10) 在布拉格衍射条件下,固定"频率旋钮",旋转"功率旋钮"而改变信号的强度,0 级光与 1 级光的强度分布也随之而变,这是声光调制。

(11) 为了获得理想波形,有时须反复调节激光束、声光器件、CCD 光强分布测量仪等之间的几何关系与激光器的功率。

如图 8 所示,在示波器显示屏上的 0 级和 1 级衍射光为一个很尖很窄的峰。CCD 器件上光强与其所产生的光生电荷成正比,在屏上显示的峰的面积应与光强成正比。若采用光学多道技术加上计算机软件处理,能快速准确地测量峰的面积,从而测出光强。但由于在示波器上只能测出峰的幅度,因峰型窄,可近似地认为峰的幅度与光强成正比。

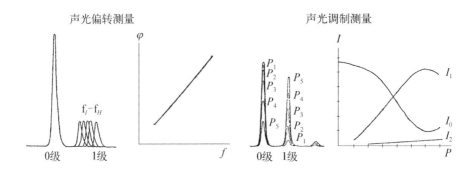

图8　示波器上的实验波形及描绘出的曲线

因为衍射角 θ_A 很小,设声光器件到 CCD 线阵面的距离为 S,那么在 CCD 线阵面上 0 级衍射光和 1 级衍射光的距离 X 可表示为

$$X = S\theta_A$$

而在实验中只能测出示波器显示屏上 0 级和 1 级衍射光的距离 X_S,怎样由测量 X_S 来获得 X,这就需要给示波器定标,请同学们自行确定定标的方法。

此外,请注意在图 2 中,布拉格角 θ_B 是在声光介质中的角度,设声光介质材料的折射率 $n = 2.386$,则光束通过介质-空气表面后,会产生折射,应满足下面的折射规律:

$$n \cdot \sin\theta_B = \sin\theta_A$$

因而通过示波器定标计算出衍射角 θ_A 后,还应换算得出 θ_B。

2. 声光模拟通信实验

安装图如图 9 所示。

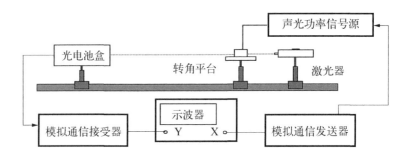

图9　模拟通信实验安装图

1）线缆安装

（1）功率信号源和转角平台上的声光器件：1 根。其一头为 Q9 插头，连接声光器件，一头为莲花插头，连接功率信号源的"声光"插座，此时，功率信号源要打在"调幅"上。当做声光效应实验时，要打在"等幅"上。

（2）功率信号源和模拟通信发送器：1 根。其一头为 Q9 插头，接模拟通信发送器的"调制"插孔，另一头为 Q9 插头，连接功率信号源的"调制"插座。

（3）模拟通信发送器和示波器：1 根。其一头为 Q9 插头，接模拟通信发送器的"示波器"插座，另一头为 Q9 插头，接示波器的 X 和以 X 为同步（X 置 1 V/格档）。

（4）模拟通信接收器和光电池盒：由光电池盒引出一个莲花插头，接模拟通信接收器的"光电池"插座。

（5）模拟通信接收器和示波器：1 根。其一头为 Q9 插头，接模拟通信接收器的"示波器"插座，另一头为 Q9 插头，接示波器的 Y 输入信号端口（Y 置 0.1～0.5 V/格档）。

2）操作步骤

（1）完成安装后，开启各部件的电源，功率信号源的输出功率不要太大。

（2）仔细调节光路，使半导体激光器射出的光束准确地由声光器件外塑料盒的小孔射入、穿过声光介质、由另一端的小孔射出，仔细调节转角平台旋钮，满足布拉格衍射，并将 1 级衍射光射入光电池盒的接收圆孔。

（3）将模拟通信发送器的"喇叭开关"打在"关"上，以避免它对模拟通信接收器还原出的音乐的干扰。此时，模拟通信接收器的扬声器应送出模拟通信发送器的音乐，在示波器上应观察到两路信号波形相一致或相反。

实验十一

真空态的获得与测量及真空镀膜

一、实验课题意义及要求

随着科学技术的迅猛发展,真空技术在各个领域都得到广泛的应用和发展。遍及化学、生物、医学、电子学、表面科学、冶金工业、高能物理、农业、食品工业、空间技术、材料科学、低温超导等科学领域,并发展成为一门独立的学科。而真空镀膜是在真空条件下,利用物理方法,在金属或非金属、导体或绝缘体、半导体等多种材料上喷镀单层或多层具有不同性质和要求的薄膜。真空镀膜技术在国民经济各个领域有着广泛应用,特别是近几年来,我国国民经济的迅速发展、人民生活水平的不断提高和高科技薄膜产品的不断涌现,给真空镀膜技术的发展和推广应用带来了新的机遇。

本实验要求了解真空技术的基本知识。了解真空泵、扩散泵的基本结构与使用方法。了解热偶规和电离规的基本原理与复合真空计的使用方法。掌握真空蒸发制备银膜或铜膜的工艺。

二、参考文献

[1] 张天喆,董有尔. 近代物理实验[M]. 北京:科学出版社,2004.

[2] 王银川. 真空镀膜技术的现状及发展[J]. 现代仪器,2000(6):1-4.

[3] 姜燮昌. 真空镀膜技术的最新进展[J]. 真空,1999(5):1-7.

三、提供的仪器与材料

电子衍射仪，复合真空计，超声清洗器，铜粉，银丝，丙酮，甲醇，高纯水。

四、开题报告及预习

1. 真空区域的划分及其主要应用。
2. 常用真空泵的运用范围。
3. 扩散泵的工作原理。
4. 钛升华溅射离子泵的工作原理。
5. 热电偶真空计与热阴极电离真空计的工作原理。
6. 如何使用真空镀膜方法获得高质量的薄膜。

五、实验课题内容及要求

1. 了解真空技术的基本知识。
2. 了解真空泵、扩散泵的基本结构及使用方法。
3. 了解热偶规和电离规的基本原理与复合真空计的使用方法。
4. 熟悉镀膜机的结构和仪器的操作规程，根据镀膜原理仔细考虑各实验操作步骤。
5. 在清洗好的载玻片上镀一层金属银、铜、铝或其他材料的薄膜。要求薄膜表面光洁如镜面，膜层坚固不易脱落。

六、实验结题报告及论文

1. 报告实验课题研究目的。
2. 介绍实验基本原理和实验方法。
3. 介绍实验所用仪器装置及其操作步骤。
4. 记录工艺过程中的物理条件和参数（如真空度、除气时间、预熔和蒸发的电流和时间），最后膜面质量等现象。
5. 报告通过本实验所得收获并提出自己的意见。

实 验 指 导

一、实验原理

1. 真空技术基础知识

真空技术发展到今天已广泛地渗透到各项科学技术和生产领域,它日益成为许多尖端科学、经济建设和人民生活等方面不可缺少的技术基础。作为现代科学技术主要标志的电子技术、核技术、航天技术的发展都离不开真空,反过来它们飞跃前进正在推动真空技术的迅速发展,成为真空科学技术发展史上的 3 个飞跃阶段,从而使真空技术由原来主要应用领域电真空工业扩展到低温超导技术、薄膜技术、表面科学、微电子学、航海工程和空间科学等近代尖端科学技术领域。至于在一般工业中的应用实在种类繁多,不胜枚举,冶金、化工、医药、制盐、制糖、食品等工业都广泛使用真空技术。例如有机物的真空蒸馏,某些溶液的浓缩、析晶、真空脱水、真空干燥等。人们还利用真空中的各种特点,研制生产出真空吊车、电子管、显像管、中子管,就连人们日常生活中使用的灯管、暖水瓶、真空除尘器等都离不开真空技术。

1) 真空与真空区域的划分

"真空"是指在给定的空间内,气体分子密度低于该地区大气压下的气体分子密度的稀薄气体状态。不同的真空状态有不同的气体分子密度。在标准状态下,每立方厘米的分子数为 $2.687\,0 \times 10^{19}$ 个,而在真空度为 10^{-4} Pa 时,每立方厘米的分子数为 3.24×10^{10} 个,即使用最现代的抽气方法获得的最高真空度 10^{-13} Pa 时,每立方厘米中仍有 3.24×10 个分子。所以真空是一相对概念,绝对真空是不存在的。

真空状态的主要特点是:真空容器所承受的大气压力由容器内外压力差所决定。与大气相比,气体分子密度小、分子之间相互碰撞不那么频繁,单位时间内碰撞容器壁的分子数减少,从而使真空状态下热传导与对流小,绝热性能强,可降低物质的沸点和汽化点等。真空的这些特点被广泛应用到生活、生产和科研的各个领域中。

真空度是对气体稀薄程度的一种客观量度。它本应用单位体积中的分子数来量度,但由于历史的原因,真空度的高低仍通常用各向同性的物理量"气体压强"来表示。气体压强越低,表示真空度越高;反之,压强越高,真空度就越低。

为使用方便,人们根据真空技术的应用特点、真空物理特性和真空泵、真空计的有效使用范围,将真空划分为不同区域及对应的物理特点和主要应用领域,如表 1 所示。

表 1 真空区域的划分、特点与应用

真空区域	物 理 特 点			主要应用
	分子密度为/(个/cm³)	平均自由程 λ/cm	单分子层形成时间/s	
粗真空 $10^5 \sim 10^3$ Pa	$10^{19} \sim 10^{16}$	$10^{-6} \sim 10^{-3}$,$\lambda \ll d$(d 为容器的线性 R 度,下同)黏滞流,气体分子间碰撞为主	$10^{-9} \sim 10^{-6}$	真空包装、真空浓缩和脱色、真空成形、真空输运等
低真空 $10^3 \sim 10^{-1}$ Pa	$10^{16} \sim 10^{13}$	$10^{-3} \sim 5$ $\lambda \approx d$ 过渡流	$10^{-6} \sim 10^{-3}$	真空蒸馏、真空干燥和冷冻、真空浸渍、真空绝热、真空焊接
高真空 $10^{-1} \sim 10^{-6}$ Pa	$10^{13} \sim 10^9$	$5 \sim 10^4$ $\lambda > d$ 分子流 气体分子与器壁碰撞为主	$10^{-3} \sim 20$	真空冶金、半导体材料区域熔炼、电真空器件、真空镀膜、加速器等
超高真空 $10^{-6} \sim 10^{-12}$ Pa	$< 10^9$	$> 10^4$ $\lambda \gg d$ 气体分子在固体表面上吸附停留为主	> 20	超高真空镀膜、薄膜和表面物理、表面化学、热核反应和等离子物理、超导技术、宇宙航行等

2) 真空获得

用来获得真空的器械简称为真空泵。由于真空技术发展到今天所涉及的压强范围从 $10^5 \sim 10^{-12}$ Pa,宽达 17 个数量级,所以现在还不能用任何一种真空泵来实现。表 2 列出常用各种真空泵的运用范围与抽速。

表 2　常用各种真空泵的运用范围与抽速

泵	压　强/Pa											抽速/(L/s)
	10^4	10^2	10^0	10^{-1}	10^{-2}	10^{-3}	10^{-5}	10^{-6}	10^{-7}	10^{-8}	10^{-10}	
1　水环泵	+	→										
2　旋片机械泵	+	+	+	+	→							1～100
3　吸附泵	+	+	+	→								
4　罗茨泵	←	+	+	+	+	→						15～40 000
5　喷射泵		←	+	+	+	→						1～1 000
6　油增压泵		←	+	+	+	+	→					200～40 000
7　油扩散泵			←	+	+	+	+	→				5～100 000
8　涡轮分子泵			←	+	+	+	+	+	+	→		5～5 000
9　钛升华泵				←	+	+	+	+	+	→		～100 000
10　离子泵					←	+	+	+	+	+	→	～5 000
11　低温泵						←	+	+	+	+	+	300～5 000

真空泵按其抽气机理可分为两大类：一是压缩型真空泵，他是将气体由一方压缩到另一方，如机械泵、扩散泵、分子泵等。二是吸附型真空泵，它是利用各种吸气作用将气体吸掉，如钛泵、离子泵、低温泵等。按起始工作状态可分为前级泵（可直接从大气压下开始抽气，如机械泵、吸附泵等）和次级泵（只能从大气压低的某一定压强下开始抽气，使系统达到更高极限真空度，如扩散泵、钛泵等）。次级泵工作时，必须辅以一定的前级泵，提供其正常工作所需要的真空度。

赖以比较各种真空泵性能的主要基本参数是：

(i) 最大工作压强。泵能够正常工作的最高压强，如果工作压强超过这一数值，泵将失去工作能力。机械泵最大工作压强为 1 个大气压，扩散泵为 1 Pa。

(ii) 极限压强。在被抽容器中漏气和放气可以忽略的情况下，经长时间的抽气之后，泵所能达到的最低平衡压强为该泵的极限压强。

(iii) 抽气速率。在泵的入气口处，在任一给定压强 P_1 下，单位时间内流入泵的气体体积数为泵的抽气速率，简称为抽速，常用 S 表示，则 $S = \Delta V/$

Δt, $P = P_l$，式中 ΔV 为泵进气口处 Δt 时间内流入泵的气体体积，P_l 为在测定该气体体积时的进气口压强。抽速在泵抽气过程中因 P_l 是变的，所以 S 一般都不是常数。

（ⅳ）运用范围。指泵具有相当抽气能力时的压强范围。

对超高真空范围内的泵，需附加两个主要参数：抽气的选择性和残余气体的组成。一般实验室常用机械泵和扩散泵在 1.5 h 内可获得 $10^{-4} \sim 10^{-5}$ Pa 真空度。

（1）旋片式机械真空泵。

旋片式机械泵主要有定子、转子、旋片、弹簧等组成，如图 1 所示。

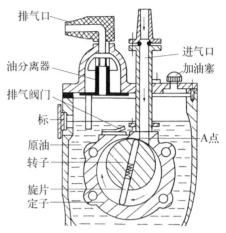

图 1　旋片式机械泵结构

在定子缸内偏心的装有圆柱形转子，与定子在 A 点相切，转子槽中装有中间带弹簧的两块旋片，旋转时靠离心力和弹簧的张力使旋片的顶端与定子内壁始终紧密接触。定子上的进、排气口被转子和旋片分为两部分。当转子沿箭头方向转动时，进气口方面容积逐渐扩大而吸入气体，同时逐渐缩小排气口方面容积将以吸入气体压缩从排气孔排出。

机械泵的抽气速率主要取决于泵的工作体积 ΔV，在抽气过程中随着进气口压强的降低，抽气速率逐渐减小。当抽到系统极限压强时，系统的漏气与抽出气体达到的动态平衡，此时抽速不变（见图 2）。目前生产的机械泵多是两个泵腔串联起来的，如图 3 称为双级泵，它比单级泵具有极限真空度高（$10^{-1} \sim 10^{-2}$ Pa）和在低气压下具有较大抽速等优点。

为保证机械泵的良好密封和润滑，排气阀浸在密封油里以防大气流入泵中。油通过泵体上的缝隙、油孔及排气阀进入泵腔，使泵腔内所有的运动表面被油膜覆盖，形成了吸气腔与排气腔之间的密封。同时，油还充满了泵腔内的一切有害空间，以消除它们对极限真空度的影响。

使用时应注意：因被抽气体在泵腔内被压缩，所以不宜用来抽蒸气；停机后要立刻打开充气阀，防止机械泵油返至真空系统内。

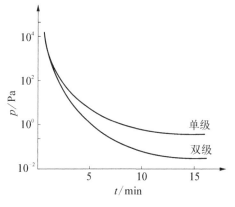

图 2　对容器 V 的抽气曲线　　　　　图 3　二级旋片式机械泵结构

（2）油扩散泵。

油扩散泵是用来获得高真空的常用设备,其工作压强范围为 $10^{-1}\sim$ 10^{-6} Pa。玻璃油扩散泵的结构如图 4 所示。

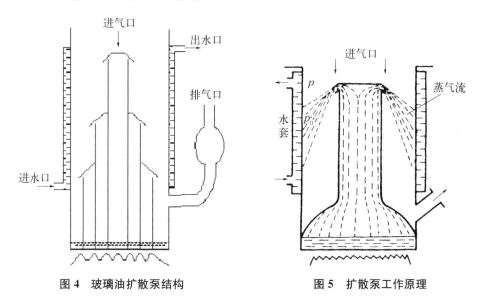

图 4　玻璃油扩散泵结构　　　　　图 5　扩散泵工作原理

扩散泵油在真空中加热到沸腾温度（约 200℃）产生大量的油蒸气,油蒸气经导流管由各级喷嘴定向高速喷出,在喷嘴出口处蒸气流中造成低压。如图 5 所示被抽气体分子就不断地扩散到油蒸气流中,使被抽气体分子沿蒸气流速的方向高速运动。经三级喷嘴连续作用将被抽气体压缩到出气口由机械泵抽出。而油蒸气在冷却的泵壁上被冷凝后又返回到泵底重新被加热,如此循环工作,就达到连续抽气的目的。

在使用扩散泵时要注意的是:开扩散泵前必须先用机械泵将系统包括扩散泵本身抽至 5 Pa 的预备真空,然后先通水后通电加热泵油。工作过程中必须保证冷却水畅通。停机时,先断开扩散泵加热电源,大约 30 min 泵油降至室温时,再断冷却水,最后断开机械泵电源。这样操作可防止减小泵油氧化变质,提高真空的清洁程度,延长使用寿命,保证系统的极限真空度。

(3) 钛升华溅射离子泵简介。

钛升华溅射离子泵结构如图 6 所示。它是由密封在玻璃外壳内的钛升华泵和溅散离子泵组合而成。它具有可获得清洁真空、对活性和惰性气体的抽速都大、工作范围宽、极限真空度高、便于控制、使用安全等优点。

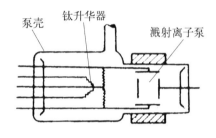 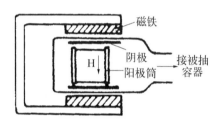

图 6　钛升华溅射离子泵　　　　　图 7　溅射离子泵结构

(A) 钛升华泵。

钛升华泵是表面吸附泵的一种。它主要由泵壳和钛升华器组成,如图 6 的左半部分(右半部分为溅射离子泵),泵壳由玻璃或金属制成,它有一定的内表面,泵壳内盛放多组缠绕纯钛丝式钛升华器。它的抽气原理及工作过程是:首先需要用前级泵抽至 10^{-2} Pa 预备真空后方可开机,然后将钛丝加热到足够高的温度,钛就源源不断地升华,升华的钛沉积在泵壳内表面上形成一层层的新鲜钛膜。被抽气体的活性气体分子碰撞在新鲜钛膜上,由于化学吸附,形成稳定的氧化钛、氮化钛等化合物,随后又被不断蒸发(溅射)而形成的新鲜钛膜所覆盖,新鲜钛膜又继续吸附气体分子,形成了稳定的抽气。

(B) 溅射离子泵。

溅射离子泵是目前采用最广泛的清洁真空泵。它的结构如图 7 所示,在直径为 16~20 mm 不锈钢阳极筒与钛板阴极间留有 2 mm 的隙缝,以保持加在两极间 3~5 kV 直流高压的电绝缘,并作为气体的通导。沿阳极筒的轴向方向加有 1.6×10^7 特斯拉的永久磁铁形成的磁场,两钛阴极间距离不应太长,一般为 20 mm 左右,以保证足够的磁场强度。

溅射离子泵的抽气机理是:泵内空间的自由电子在电磁场作用下,使电子以轮滚线形式贴近阳极筒旋转,形成旋转电子云,旋转电子与被抽气体分子碰撞使气体分子电离,并形成潘宁放电,放电产生的离子(即被抽气体的离子)在电场作用下,飞向并轰击阴极钛板,引起强烈的钛的溅射,溅射出来的钛原子,淀积在阳极筒内壁及阴极上,遭受离子轰击较少的地区形成新鲜钛膜。一方面在化学吸附作用下维持泵对活性气体的较大抽气能力;另一方面溅射的钛原子掩埋吸附在阳极筒内壁上的吸附分子以及掩埋吸附在阴极边角部分(即不易遭到离子轰击的部分)的惰性气体,进而达到对被抽气体的连续稳定的抽气作用。

一般这样一个单室结构的泵,抽速只有 1~3 L/s,阳极筒直径大的抽速大些,实用上为增加泵的抽速,都用许多单室泵并联起来,而阴极则共用一块大的钛板,这样组成一个抽气单元,实际的泵又是由多个这样的抽气单元组成。

3) 真空度测量

测量真空度的仪器称为"真空计"。真空计分为绝对真空计和相对真空计两大类。能从本身所测得的物理量直接求出系统中真空度的为绝对真空计,如 U 型管压力计,麦克劳真空计等;而相对真空计是输出信号与其压强之间的关系要用真空测量标准系统或绝对真空计校准标定后,才能测定真空度。一般实验室常用的热偶和电离真空计都是标定好的相对真空计。

(1) 热电偶真空计。

热电偶真空计由热电偶规管和电测线路构成,如图 8 所示。规管内有一根钨或铂制成的加热丝,另由 AB,AB′ 两根导热系数不同金属丝组成一对热电偶,热电偶一端(热端)与热丝在 A 点焊住,另两端 B,B′ 分别焊于芯柱引线上,再接到毫伏表上。

热偶真空计的工作原理是利用气体分子的导热性质,通过热电偶产生的热电势来测量真空的。使用时,调可变电阻使加热电流保持定值情况下,加热丝的平衡温度取决于气体压强,若压强越高,气体分子碰撞热丝机会越多,带走的热量越多,因而热丝温度越低,热电偶所产生的电动势也越低。反之,压强越低,热丝温度越高,热电动势越大。热电偶真空计的测量范围 $10^2 \sim 10^{-1}$ Pa。

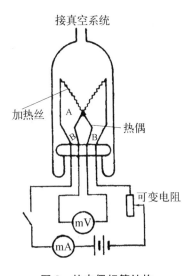

图 8　热电偶规管结构

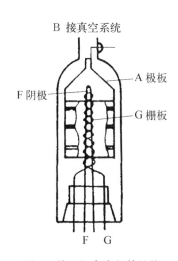

图 9　热阴极电离规管结构

(2) 热阴极电离真空计。

热阴极电离真空计由电离规管和测量电路两部分组成。规管结构类似一只电子三极管,如图 9 所示,测量电路原理如图 10 所示。电离真空规管是利用气体分子被快速电子碰撞而电离的现象工作的。

当阴极 F 通电加热后发射热电子,这些电子被处于正电位(相对阴极为正 $100 \sim 150$ V)的螺旋栅极 G 加速后,电子具有一定能量与气体分子做电离碰撞,使气体电离为正离子和电子。所产生的正离子被外围圆筒形处于负电位(相对阴极为负 $10 \sim 60$ V)的板极 A 吸引,在板极电路中形成正离子流 I_+。工作中当阴极发射的电子流 I_0 一定时,正离子流 I_+,正比于气体压强,则有 $I_+ = I_0 KP$,K 是比例系数称为电离计的灵敏度,通常将发射电流 I_0 保持一定值,然后用绝对真空计或标准校准系统来校准,给出

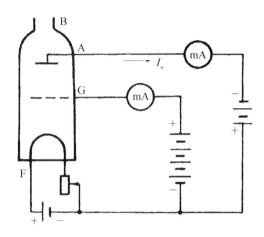

图 10　电离真空计外控接法电路原理

$I_+ \sim P$ 的关系曲线,就可确定出 K 来。只要 K 已知,就可通过 I_+ 和 I_0 而知压强 P。

电离真空计测量范围是 $10^{-2} \sim 10^{-5}$ Pa,可连续测量。他的缺点是阴极开始工作时有放气现象,影响测量精确度。由于阴极处于高温下发射电子,容易蒸发,低真空下阴极又易氧化,因而规管使用寿命不长。**故使用时被抽容器中真空度高于 1×10^{-1} Pa 时才能开电离真空计测量。**

4) 真空系统与检漏技术

真空系统是由真空泵、真空计、被抽容器及其他元件如阀门、冷阱等,借助真空管道,按一定要求组合而成,并具有所需抽气功能的抽气装置。它的职能是在指定时间、空间内获得真空,保持真空;确保系统内某项工艺过程或物理过程的实施。真空系统根据实验要求可设计成金属真空系统、玻璃真空系统、金属和玻璃混合真空系统。

检漏技术是真空技术的重要组成部分。对金属真空系统的所有部件在装配前必须做密封性能检验,部件接合处最易产生漏气,须经周密的检漏才能达到预定的真空度。检漏一般采用分段密封法作 $p \sim t$ 曲线,从而可判断该段是否漏气,如有漏气常用加压法、试验气体指示法等确定漏孔位置。在检查漏气率为 $10^{-6} \sim 10^{-10}$ Pa·L/s 这样微小的漏孔时,就要用氦质谱检漏仪、四极场滤质器等检漏仪器。

对玻璃系统的检漏可用高频火花检漏器。火花检漏器实际是一小功率高频高压设备,它的高电压输出端伸出一金属释放电弹簧尖头,能击穿附近空气。当它的高压放电尖端移到玻璃系统上的漏孔处时,因玻璃是绝缘体不能跳火,而漏孔处因空气不断流入,在高频高压作用下而形成导电区,在火花检漏器尖端与漏孔之间形成一强烈火花线,并在漏孔处有一白亮点,从而可以找到漏孔位置。使用火花检漏器时,不要在玻璃同一点上停留过久,以免玻璃局部过热而被打出小孔来。

对检出的漏孔可选用饱和蒸汽压低,具有足够的热稳定性和一定的机械和物理性质的真空密封物质密封。作暂时的或半永久的密封可选用真空泥、真空封腊、真空漆等;要作永久性密封,可用环氧树脂封胶和氯化银封接,对玻璃系统可以重新烧接。

2. 真空蒸发镀膜

任何物质在一定温度下,总有一些分子从凝聚态(液、固相)变成气相离开物质表面。若把该物质密封在容器内,当物质和容器温度相同时,部分气相分子则由无规则运动而返回凝聚态,经过一定时间达成平衡。若在高真空条件下,加热该物质达到某熔点温度后,物质表面会有大量的分子或原子离开表面变成气相分子(蒸发)向四周散射,由于在高真空情况下,被蒸发的原子或分子碰撞几率较小,最后在散射途中遇到给定的温度较低的基片,在基片上冷凝而淀积一层该物质的薄膜,该过程叫做真空蒸发镀膜。

要想获得均匀、牢固、杂质少而厚度可控的高质量薄膜,必须注意如下几点因素:

(1) 要有较高的真空度。真空度的高低直接影响薄膜的质量,在真空蒸发镀膜的过程中,如果真空度较低,真空室中有许多的气体分子,由高温蒸发源蒸发出来的物质分子将不断地与气体分子发生碰撞,使源分子改变运动方向,而不能顺利地到达基片表面;另外空气中的氧气可能会使源分子氧化,气体分子与基片不断发生碰撞,并与源分子一起淀积下来形成疏松的薄膜,并使热膜氧化,影响了薄膜质量。要保证蒸发出来的源分子能顺利达到基片表面,并尽可能减少气体分子与基片碰撞的机会,因此气体分子在真空室中的

平均自由程 $\bar{\lambda}$ 应大于蒸发物质到基片间的距离 D。平均自由程与压强的关系为

$$\bar{\lambda} = kT/(\sqrt{2} \cdot \pi \cdot d^2 \cdot P)$$

式中,k 为玻尔兹曼常数,d 为气体分子的有效直径,T 为绝对温度,P 为气体压强。上式标明,当压强 P 降低时,平均自由程增大,这样源分子间以及源分子与基片间的碰撞就减少,因此,压强低真空度高,蒸发镀膜的效果就越好。一般情况下,要想获得比较满意的薄膜,真空度至少要达到 10^{-3} Pa 以上。

(2) 要有一定的蒸发速率。蒸发速率高,氧化可能性小,吸附的气体也少。适当的蒸发速率,可使膜层结构紧密,机械牢固增强,质量好。目前一般蒸发系统所用蒸发速率在 $0.5 \times 10^{-10} \sim 10^{-5}$ m/min。速率太快也不好。温度高,蒸发速度快,蒸发时间短,真空度下降不明显,薄膜的均匀性越好。而且,温度高能使固体物质分子获得足够的动能,在到达衬底表面后过剩的动能可使固体物质分子在衬底表面有一定程度的互扩散,形成稳定牢固的膜层。

(3) 被镀基片和真空室内各附件要保持高度清洁。衬底的清洗是真空蒸发制作高质量膜层的关键,影响薄膜的牢固度和均匀性,衬底表面的任何微量灰尘、油污、杂质以及植物纤维都会大大降低薄膜的附着力,并使薄膜出现花斑和过多的针孔,其结果造成薄膜经不住摩擦试验,时间不久就会自行脱落。另外,基片与其他零件不干净会吸附大量气体,真空度上不去,影响薄膜质量。

(4) 由于真空蒸发镀膜采用电流通过难熔金属蒸发皿加热的方式,对于一般熔点金属已足够应付。但是对于高熔点金属,氧化物等材料的蒸镀就无能为力,电流小时,蒸发速率上不去,固体物质分子不能获得足够的动能;电流加大后,蒸发皿又很容易烧坏。而利用磁控溅射的方法就能弥补该项缺点。使用氩离子枪,通过调节加速电压即可调节离子束动能,这样高能离子束打在固体物质靶材上,溅射出来的固体物质由于有足够的动能因此在衬底上能形成非常坚固的膜层。另外可以利用激光熔融的方法也可以对高熔点

金属与氧化物镀膜。

二、实验设备简介

图 11 为一般镀膜机的结构示意图。主要由两部分组成,即镀膜用的真空室和真空机组。真空机组在使用过程中要特别注意三通阀与蝶阀的配合。以免扩散泵油氧化失效,而使真空度达不到要求。镀膜用的真空室中,主要组成部分为钟罩、工件支架、加热器(蒸发源)、观察窗等,根据不同需要及不同机型,可能配有轰击电极、烘烤电极、膜厚测试系统、电子枪等附件。

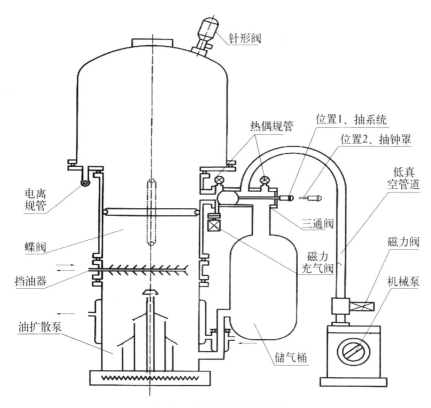

图 11 镀膜机结构示意图

蒸发加热材料一般可用电阻法与电子束加热法,后者一般用于难熔材料的蒸发。本实验采用电阻加热,电阻加热即用钨、钼、钽等高熔点金属制成正弦或螺旋形、三角形加热器,将蒸发材料挂在加热器上。对于粉末材料,可把加热器制成舟型,如图 12 所示。

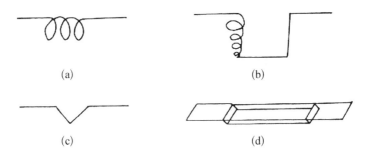

图 12　蒸发源加热器形状示意图

三、实验内容

（1）熟悉镀膜机的结构和仪器的操作规程,根据镀膜原理和镀膜机操作规程,拟出实验操作步骤。

（2）清洗玻片,以标准清洗工艺,丙酮-甲醇-高纯水依次超声清洗。

（3）根据具体操作步骤,在玻片上镀制金属铜、铝或银。并记录镀膜过程中的物理条件和参数,如真空度、除气时间、蒸发电流、时间等。

实验十二

用油滴仪测电子电荷

一、实验课题意义及要求

美国物理学家密立根(R. A. Millikan)在1909—1917年通过实验测量微小油滴上所带电荷的电量,证明了任何带电物体所带的电量 q 为基本电荷 e 的整数倍,明确了电荷的不连续性,并精确地测定出基本电荷 e 的数值为 $e = 1.602 \times 10^{-19}$ C。密立根因测出电子电荷及其他方面的贡献获得了1923年度的诺贝尔物理学家奖。密立根油滴实验设计巧妙、原理清楚、设备简单、结果准确,所以它是历史上一个著名而有启发性的物理实验。近年来,根据该实验的设计思想改进的用磁漂浮的方法测量分数电荷以及用密立根油滴仪同时测量粉尘的粒径和电荷量的实验,引起了人们的普遍关注,说明这个实验至今仍富有巨大生命力。

本实验要求学生通过对带电油滴在重力场和静电场中运动的测量,验证电荷的不连续性,并测量电子的电荷 e;通过实验过程中对仪器的调整、油滴的选择、耐心地跟踪和测量以及数据的处理等,培养学生严肃认真和一丝不苟的科学实验方法和态度。

二、参考文献

[1] 史志强. 油滴实验方法研究[J]. 物理实验,2002(6): 29.

[2] 郑振维,龙罗明,周春生,等. 近代物理实验[M]. 长沙:国防科技大学出版社,1989.

[3] 朱军南,王雅红. Millikan油滴实验几个问题的探讨[J]. 大连轻工

业学院学报,2002(4):311.

　　[4]　周孝安,赵咸凯,谭锡安,等. 近代物理实验教程[M]. 武汉:武汉大学出版社,1998.

　　[5]　吴卫锋. 密立根油滴实验中的横向漂移问题[J]. 安庆师范学院学报 2005(1):104.

　　[6]　陶静. 做好密立根油滴实验的两点体会[J]. 物理实验,1997(4):185.

　　[7]　张天喆,董有尔. 近代物理实验[M]. 北京:科学出版社,2004.

　　[8]　李文华,蔡秀峰. 关于油滴实验几个问题的探讨[J]. 华北航天工业学院学报,2003(2):44.

　　[9]　邬鸿彦,朱明刚. 近代物理实验[M]. 北京:科学出版社,1998.

　　[10]　林木欣. 近代物理实验教程[M]. 北京:科学出版社,1999.

　　[11]　朱世坤. 密立根油滴实验中应注意的两个问题[J]. 大学物理实验,2004(2):30.

　　[12]　刘列,杨建坤,卓尚攸,等. 近代物理实验[M]. 长沙:国防科技大学出版社,2000.

三、提供仪器及材料

　　密立根油滴仪,CCD 成像系统和监视器。

四、开题报告及预习

　　1. 油滴带电量的测量方法一般有哪两种?

　　2. 动态测量法是如何实现对油滴所带电荷量的测量的?

　　3. 空气黏滞阻力跟哪些因素有关? 本实验为何要对空气黏滞系数进行修正?

　　4. 静态平衡法与动态测量法在测量方法上有何不同?

　　5. 电容器极板不水平对测量有何影响?

　　6. 选择的油滴太大或者太小对实验测量有何影响?

　　7. 在实验中,如何正确选择油滴的大小?

8. 在向电容器喷油滴时，为什么要使二极板短路？

9. 为什么要测量油滴匀速运动速度，在实验中怎样才能保证油滴做匀速运动？

10. 怎样从若干个油滴所带电荷量计算出电子电荷 e？

11. 密立根油滴仪由哪些部分构成？各部分有何作用？

12. 在油滴盒旁的汞灯有何作用？

13. 在实验过程中，如何判断油滴的带电量发生了变化？

五、实验课题内容及指标

1. 熟悉密立根油滴仪的结构及其测量方法。

2. 学会控制油滴的运动，并能按要求选择合适的油滴。

3. 通过测量油滴的运动速度，从而计算出油滴的带电量和电子电荷 e。

六、实验结题报告及论文

1. 报告实验课题研究的目的。

2. 介绍实验的基本原理和实验方法。

3. 介绍实验所用的仪器装置及其测量方法。

4. 对实验数据进行处理和计算，要求计算出油滴所带电荷量及其测量误差，并算出电子电荷 e。

5. 报告通过本实验所得收获并提出自己的意见。

实 验 指 导

一、实验原理

图 1 为油滴实验原理图。两水平放置的平行极板 A,B 间距为 d，油滴由开在上极板 A 中心的小孔进入平行极板电容器中，可以通过改变加在平行极板之间的电压以控制电容器两极板间电场强度的大小，以便对油滴进行控制和测量。

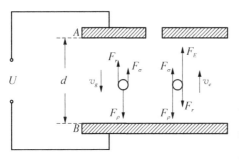

油滴带电量的测量方法一般有两种：动态测量法和静态平衡法。我们首先来分析动态测量法。

用喷雾器将油滴喷入电容器的平行极板之间，由于摩擦油滴一般都带了电。现在考虑其中的一个足够小的油滴，由于表面张力的作用油滴总是呈球状的，设油滴半径为

图1　油滴实验原理图

r，则其体积 $V = 4\pi r^3/3$。

当电容器的平行极板间不加电场时，开始时油滴在重力的作用下将加速下降一段距离，由于空气黏滞阻力的作用，油滴最终将以 v_g 匀速下降，此时，油滴受到 3 个力的作用，即重力 F_ρ、空气浮力 F_σ 和空气黏滞阻力 F_r，它们应满足的关系式

$$F_\rho = F_\sigma + F_r \tag{1}$$

F_ρ 和 F_σ 的大小分别为 $F_\rho = 4\pi r^3 \rho g/3, F_\sigma = 4\pi r^3 \sigma g/3$，其中 ρ 和 σ 分别为油和空气的密度，g 为当地的重力加速度。根据流体力学中的斯托克斯(Stokes)公式可知，油滴运动时所受到的空气黏滞阻力 F_r 与油滴的运动速度 v 成正比，即：$F_r = 6\pi\eta r v$，其中 η 为空气的黏滞系数。由式(1)有

$$\frac{4}{3}\pi r^3 \rho g = \frac{4}{3}\pi r^3 \sigma g + 6\pi\eta r v_g \tag{2}$$

由式(2)可得油滴半径为

$$r = \left[\frac{9\eta v_g}{2(\rho-\sigma)g}\right]^{1/2} \tag{3}$$

当电容器两平行极板接上电源时，电量为 q 的油滴处在场强为 E 的均匀电场中，油滴还将受到电场力 $F_E = qE$ 的作用。若使油滴所受电场力方向与重力方向相反，并使油滴向上运动，这时油滴将同时受重力 F_ρ、浮力 F_σ、电场力 F_E 及黏滞阻力 F_r 4 个力的作用，最终将以匀速 v_e 上升。此时，这 4 个

力应满足关系式：

$$F_E + F_\sigma = F_\rho + F_r \tag{4}$$

即

$$qE + \frac{4}{3}\pi r^3 \sigma g = \frac{4}{3}\pi r^3 \rho g + 6\pi \eta r v_e \tag{5}$$

若以 d 表示平行极板之间的距离，U 为平行极板之间的电压，则 $E = U/d$。把此式和式(3)、式(5)联立可解得油滴所带电荷量 q 为

$$q = 9\sqrt{2}\,\frac{\pi d}{U}\left[\frac{\eta^3}{(\rho - \sigma)g}\right]^{1/2}(v_e + v_g)v_g^{1/2} \tag{6}$$

考虑到油滴非常小，其线度可以与分子的平均自由程相比拟，这样空气已不能看成是连续介质，因此必须对黏滞系数进行修正。实际的黏滞系数 η' 比式(2)和式(5)中的 η 要小，其修正式为空气压强 P 和油滴半径 r 的函数，其一级近似关系可表示为

$$\eta' = \eta \Big/ \left(1 + \frac{b}{rP}\right) \tag{7}$$

式中，修正常数 $b = 6.17 \times 10^{-6}$ m·cmHg。由于 r 出现在很小的修正项中，故仍可用式(3)所得的 r 值代入计算即可。经修正后的式(6)可写成

$$q = 9\sqrt{2}\,\frac{\pi d}{U}\left[\frac{\eta^3}{(\rho - \sigma)g}\right]^{1/2}(v_e + v_g)v_g^{1/2}\left(1 + \frac{b}{rP}\right)^{-3/2} \tag{8}$$

实验时若取油滴匀速下降和匀速上升的距离相等，测量油滴匀速下降和上升通过距离 l 所用的时间分别为 t_g 和 t_e，则

$$v_g = l/t_g, \ v_e = l/t_e \tag{9}$$

将式(9)代入式(8)可得

$$q = 9\sqrt{2}\,\frac{\pi d}{U}\left[\frac{\eta^3 l^3}{(\rho - \sigma)g}\right]^{1/2}\left(1 + \frac{b}{rP}\right)^{-3/2}\left(\frac{1}{t_e} + \frac{1}{t_g}\right)\left(\frac{1}{t_g}\right)^{1/2} \tag{10}$$

令 $K = 9\sqrt{2}\pi d\left[\dfrac{\eta^3 l^3}{(\rho - \sigma)g}\right]^{1/2}$，则上式可写为

$$q = \frac{K}{U} \left(1 + \frac{b}{rP}\right)^{-3/2} \left(\frac{1}{t_e} + \frac{1}{t_g}\right) \left(\frac{1}{t_g}\right)^{1/2} \tag{11}$$

式(11)便是动态测量法测量油滴所带电荷量的公式。

下面导出静态平衡法测量油滴带电量的公式。

静态平衡法与动态测量法不同的是：在电容器两极板间加上电场时，应仔细调节平行极板间的电压刚好使油滴静止不动。实际上，静态平衡法不外乎是动态测量法的一种特殊情况而已，即 $v_e = 0$。因此，要得到静态平衡法计算油滴所带电荷量的公式只需令式(11)中的 $t_e \to \infty$ 即可，故

$$q = \frac{K}{U} \left(1 + \frac{b}{rP}\right)^{-3/2} \left(\frac{1}{t_g}\right)^{3/2} \tag{12}$$

本实验采用动态测量法。从式(10)可以看出，其中的 $d, \eta, \rho, \sigma, g, b, P$ 都是已知量，只要测出每个油滴的 U, t_g, t_e（t_g 为匀速下降时间，t_e 为匀速上升时间），即可求出 q_i。如果对若干个油滴进行测量，求出 q_i 后，求它们的最大公约数，即为基本电荷量 e。由此可见，所有带电油滴所带电量 q_i 都是基本电荷量 e 的整数倍，即 $q_i = n_i e$（n_i 为整数），这就证明了电荷的不连续性。

由于实验所测得的 q_i 存在一定的测量误差，因此求各 q_i 的最大公约数存在一定的困难，我们可以采用以下方法进行计算。

假定每一油滴电量 q_i 为单位电荷 e 的整数倍，即假定 $q_i = n_i e$（其中 n_i 为整数）。则各油滴所带电荷之差 Δq 亦应为 e 的整数倍，即 $\Delta q_i = \Delta n_i e$，如果测量的次数足够多，则至少总可以碰到一次两油滴电荷差恰为单位电荷值，利用它作为参考值，计算各油滴电荷差 $\Delta q_i, \Delta n_i$ 值。利用下式可求得 $\bar{e}$：

$$\bar{e} = \frac{\sum_i \Delta q_i}{\sum_i \Delta n_i} \tag{13}$$

二、实验装置

实验仪器由油滴仪和 CCD 成像系统组成，它改变了从显微镜中观察油滴的传统方式，而采用 CCD 摄像头成像，将油滴在监视器上显示。视野宽

广、观测省力、免除眼睛疲劳,这是油滴仪的重大改进。

1. 油滴仪

油滴仪主要包括油滴盒和电源两部分。

1) 油滴盒

油滴盒是个重要部件,加工要求很高,其结构如图 2 所示。

油滴盒主要由两个圆形平行板构成电容器的上下电极,上下电极直接用胶木圆环隔开,在上电极板中心有一个直径 0.4 mm 的油雾落入孔,在胶木圆环上开有显微镜观察孔和照明孔。

在油滴盒外套有防风罩,罩上放置一个可取下的油雾杯,杯底中心有一个落油孔及一个挡片,用来开关落油孔。

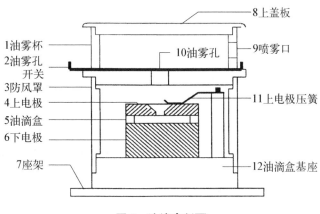

图 2　油滴盒剖面

2) 电源部分

油滴仪主要提供以下几组电源:

(1) 照明灯和 CCD 摄像头电源。

(2) 500 V 直流平衡电压。电压大小可连续调节,并且从数字电压表上直接读出。

(3) 直流提升电压。它是在平衡电压基础上叠加了一个固定电压值,其大小随着平衡电压的改变而改变。

2. CCD 成像系统

通过 CCD 成像系统,可以把光学图像变为视频电信号,再由视频电缆接到监视器上进行显示。油滴盒内油滴的运动图像可以清晰地在监视器上显示,以便对油滴进行观察和测量。

三、实验内容和步骤

1. 调节仪器

(1)熟悉仪器的结构和各旋钮及开关的使用和操作。

(2)调节油滴仪的底座螺旋,观察油滴盒上的水准泡,使油滴盒处于水平状态,以保证电场与重力场相平行。

(3)正确连接 CCD 成像系统与监视器,并打开监视器电源。

(4)用喷雾器将油从油雾室旁的喷雾口喷入,推上油雾孔挡板,以免空气流动而使油滴产生漂移,调节 CCD 成像系统的调焦手轮,使监视器上出现大量清晰的油滴。

2. 测量练习

(1)练习控制油滴。将"电压选择开关"置于"下落",然后将油滴喷入两极板之间,从监视器上可以看见为数极多的小油滴在重力场的作用下下降。在平行极板上加工作(平衡)电压 250 V 左右,"工作电压选择开关"置"平衡"档,驱走不需要的油滴,直到剩下几颗缓慢运动的油滴为止。通过扳动"工作电压选择开关"和调节两极板间电压的大小,控制带电油滴在油滴盒中能上下往复运动。

(2)练习选择油滴。要做好该实验,选择测量用的油滴必须有适当的大小。若油滴太大,大的油滴一般带的电荷多,下降的速度太快,结果不容易测准确;但也不能选得太小,太小则受布朗运动的影响明显,结果涨落很大,也不容易测准确。油滴大小可通过不加电场时油滴匀速下降的速度来判断和选择。

(3)练习测量油滴的运动速度。为了避免油滴太靠近极板而失去控制以及油滴在喷油孔附近电场不均匀造成测量误差,取油滴盒中间的 2 mm(在监视器上对应 4 格)作为测量距离 l。任意选择几个快慢不同的油滴,测出油滴在重力场中匀速下降 l 的时间 t_g 和油滴受电场力作用匀速上升 l 的时间 t_e,则速度为 $v_g = l/t_g$,$v_e = l/t_e$。

　　3. 正式测量

　　(1) 对选定好的油滴测量 t_g 和 t_e，为了提高测量结果的准确度，每个油滴上、下往返测量不少于 5 次，取其平均值，并记下所加提升电压 U。

　　(2) 按下汞灯按钮改变油滴所带电荷量或重新选择油滴，重复第(1)步，要求至少测量 6 个不同带电量的油滴。

四、实验数据处理

　　(1) 把测量值及实验常数代入式(11)中进行计算，算出每一个油滴所带电荷量 q_i 及其测量误差 Δq_i。

　　(2) 计算电子电荷 e。

　　实验常数如下：

油的密度 $\rho = 981\,\text{kg} \cdot \text{m}^{-3}$　　空气黏滞系数 $\eta = 1.83 \times 10^{-5}\,\text{kg} \cdot \text{m}^{-1} \cdot \text{s}^{-1}$

空气密度 $\sigma = 1\,\text{kg} \cdot \text{m}^{-3}$　　修正常数 $b = 6.17 \times 10^{-6}\,\text{m} \cdot \text{cmHg}$

重力加速度 $g = 9.80\,\text{m} \cdot \text{s}^{-2}$　平行极板距离 $d = 5.00 \times 10^{-3}\,\text{m}$

大气压强 $P = 76.0\,\text{cmHg}$　　油滴运动距离 $l = 2.00 \times 10^{-3}\,\text{m}$

五、实验注意事项

　　(1) 喷油次数不能太多(1～2 次即可)，否则会使进入油滴盒油滴太多，造成跟踪困难。

　　(2) 要时刻注意调节 CCD 成像系统的调焦手轮，保持观测油滴清晰，以便于跟踪测量。

　　(3) 电源电压较高，应注意实验安全。

附录（数据处理分析举例）

　　例如，对 4 个油滴进行测量得到电荷值：$q_1 = 8.07$；$q_2 = 3.28$；$q_3 = 6.54$；$q_4 = 4.81$(单位为 $q_i \times 10^{-19}$ C)。如何由它们得到电子电荷值？先求 Δq_i：

$$\Delta q_{12} = q_1 - q_2 = 4.79 \times 10^{-19}\,\text{C}$$

$$\Delta q_{13} = q_1 - q_3 = 1.53 \times 10^{-19}\,\text{C}$$

$$\Delta q_{14} = q_1 - q_4 = 3.26 \times 10^{-19} \text{ C}$$

$$\Delta q_{23} = q_2 - q_3 = 3.26 \times 10^{-19} \text{ C}$$

$$\Delta q_{24} = q_2 - q_4 = 1.53 \times 10^{-19} \text{ C}$$

$$\Delta q_{34} = q_3 - q_4 = 1.73 \times 10^{-19} \text{ C}$$

我们发现,Δq_{13}最接近单位电子电荷值,计算出每一个 Δq_i 与 Δq_{13} 的比值 Δn_i(取整数):

$$\Delta n_1 = \frac{\Delta q_{12}}{\Delta q_{13}} = 3,\ \Delta n_2 = \frac{\Delta q_{13}}{\Delta q_{13}} = 1,\ \Delta n_3 = \frac{\Delta q_{14}}{\Delta q_{13}} = 2$$

$$\Delta n_4 = \frac{\Delta q_{23}}{\Delta q_{13}} = 2,\ \Delta n_5 = \frac{\Delta q_{24}}{\Delta q_{13}} = 1,\ \Delta n_6 = \frac{\Delta q_{34}}{\Delta q_{13}} = 1$$

则
$$\bar{e} = \frac{\sum_i \Delta q_i}{\sum_i \Delta n_i} = \frac{16.1 \times 10^{-19}}{10} = 1.61 \times 10^{-19} \text{ C}$$

Δn 取整数的条件是必须 $\delta(ne) = n\delta e \ll e$,如果 δe 很大以致使 $\delta e/e$ 接近 1,则毫无理由认为 $\Delta q = \Delta ne$。因此,我们的实验要有足够的数据来观察具有几个不同 n 值的油滴的行为。在上述例证中,各数值的 δe 与 $\bar{e}$ 之比都是远小于 1 的,满足 $\Delta n\delta e \ll e$ 的条件。因此,我们可以取各 Δn_i 为整数,而认为油滴所带电荷 q 是基本电荷单位 e 的整数倍。这就证明了电子电荷的分立性。

实验十三

夫兰克-赫兹实验

一、实验课题意义及要求

　　1914年,即玻尔理论发表后的第二年,夫兰克和赫兹采用慢电子轰击原子的方法,利用两者的非弹性碰撞将原子激发到较高能态,令人信服地证明了原子内部量子化能级的存在,并验证了频率定则,给玻尔理论提供了独立于光谱研究方法的直接实验证据。因此他们获得了1925年度的诺贝尔物理学奖。

　　本实验通过对氩原子第一激发电位的测量,了解夫兰克和赫兹研究原子内部能量量子化的基本思想和方法;了解电子与原子碰撞和能量交换过程的微观图像以及影响这个过程的主要因素。

二、参考文献

　　[1]　宋文福,冯正南,朱力. 夫兰克-赫兹实验的研究[J]. 大学物理实验,2004(2)：34.

　　[2]　郑振维,龙罗明,周春生,等. 近代物理实验[M]. 长沙：国防科技大学出版社,1989.

　　[3]　王宏波,冯玉琴,蔺井林. 夫兰克-赫兹实验现象的解释[J]. 大学物理实验,1998(1)：22.

　　[4]　何忠蛟,汪建章. 修正F-H实验中的氩原子第一激发电位[J]. 大学物理实验,2004(2)：39.

　　[5]　吴思诚,王祖铨. 近代物理实验(第二版)[M]. 北京：北京大学出

版社,1995.

[6] 陈海波.F－H实验测量氩原子的第一激发电位的研究[J].茂名学院学报,2005,4：77.

[7] 张天喆,董有尔.近代物理实验[M].北京：科学出版社,2004.

[8] 刘列,杨建坤,卓尚攸,等.近代物理实验[M].长沙：国防科技大学出版社,2000.

[9] 周小莉,刘兴全,孙禹.夫兰克-赫兹实验曲线的分析[J].哈尔滨师范大学自然科学学报,2003(1)：36.

[10] 邬鸿彦,朱明刚.近代物理实验[M].北京：科学出版社,1998.

[11] 林木欣.近代物理实验教程[M].北京：科学出版社,1999.

[12] 王梅生.弗兰克-赫兹实验中峰间距问题[J].物理实验,2001(11)：40.

[13] 陈海波,胡素梅.灯丝电压对汞和氩第一激发电位影响的对比研究[J].大众科技,2005(9)：223.

[14] 周孝安,赵咸凯,谭锡安,等.近代物理实验教程[M].武汉：武汉大学出版社,1998.

[15] 张秀娥.对夫兰克-赫兹实验的思考[J].集宁师专学报,2001(4)：42.

三、提供仪器及材料

夫兰克-赫兹实验仪,计算机接口,计算机,示波器和 X－Y 记录仪等。

四、开题报告及预习

1. 玻尔原子结构理论的主要内容是什么？

2. 电子与氩原子发生碰撞时会产生哪两种碰撞现象？

3. F－H 管中的阴极 K 有何作用？

4. 加速电压 V_{GK} 的作用是什么？

5. 栅极 G 与板极 P 之间的阻滞场有何作用？

6. 板极电流 I_P 与加速电压 V_{GK} 之间存在什么关系？

7. I_P - V_{GK} 曲线是怎样形成的?

8. 如何求出氩原子的第一激发电势?

9. 为何 I_P - V_{GK} 曲线中 I_P 的极小值(谷)随着 V_{GK} 的增大而增大?

10. 阴栅极间的接触电势差对 I_P - V_{GK} 曲线有何影响?

11. 改进后的四极 F - H 管结构有何优点?

12. 夫兰克-赫兹实验仪主要由哪些部分构成? 各部分有何作用?

13. 有哪些方法可以得到 I_P - V_{GK} 曲线? 各种方法应如何操作?

五、实验课题内容及指标

1. 熟悉夫兰克-赫兹实验仪的结构及各部分的作用和操作。

2. 分别用示波器、计算机和 X - Y 记录仪观察 I_P - V_{GK} 曲线。

3. 用手动测量法描出 I_P - V_{GK} 曲线,并求出氩原子的第一激发电位。

六、实验结题报告及论文

1. 报告实验课题研究的目的。

2. 介绍实验的基本原理和实验方法。

3. 介绍实验所用的仪器装置及其操作方法。

4. 对实验数据进行处理和计算,得出氩原子的第一激发电位。

5. 报告通过本实验所得收获并提出自己的意见。

实 验 指 导

1914 年,夫兰克(J. Frank)和赫兹(G. Hertz)第一次用实验证明了原子能级的存在。他们用具有一定能量的电子与汞蒸气发生碰撞,计算碰撞前后电子能量的变化。实验结果表明,电子与汞原子碰撞时,电子总是损失 4.9 eV 的能量,即汞原子只能接受 4.9 eV 的能量。这个事实无可非议地说明了汞原子具有玻尔所设想的那种:"完全确定,互相分立的能量状态"。所以说夫兰克-赫兹实验是能量量子化特性的第一个证明,是玻尔所假设的量子化能级存在的第一个决定性证据。

一、实验原理

玻尔提出的原子理论有两个基本假设：① 原子只能较长久地停留在一些稳定状态（即定态），各定态对应于一定的能量值，并且是彼此分隔的，原子在这些状态时不发射也不吸收能量。② 原子的能量不论通过什么方式发生改变，只能使原子从一个定态跃迁到另一个定态。原子从一个定态跃迁到另一个定态而发射或吸收辐射能量时，辐射的频率是一定的。如果用 E_m 和 E_n 代表两定态的能量，且 $E_m > E_n$，则辐射的频率 ν 满足普朗克频率选择定则

$$h\nu = E_m - E_n$$

式中，h 为普朗克常量。

原子状态的改变，通常发生在原子本身吸收或发射电磁辐射以及原子与其他粒子发生碰撞而交换能量这两种情况。

夫兰克-赫兹实验就是利用原子与电子发生碰撞而交换能量，来实现原子状态改变的。只要加速电子使其能量 eV 大于或等于 $E_m - E_n$，原子就能从能态 E_n 跃迁到能态 E_m。

本实验采用充氩的夫兰克-赫兹管，基本结构如图 1 所示。管内有阴极 K、栅极 G 和板极 P 3 个电极。热阴极 K 用来发射电子；在阴极 K 和栅极 G 之间的加速电压 V_{GK} 可以使电子获得能量，因此 K，G 之间成为电子获得能量并与原子碰撞交换能量的主要区间；栅极 G 和板极 P 之间加上了反向电压 V_P，因此 G，P 之间将形成一个阻滞场，使那些沿电场方向的动能小于 eV_P 的电子不能到达板极 P；与板极 P 相连的电流计用来测量流过板极 P 的电流 I_P。

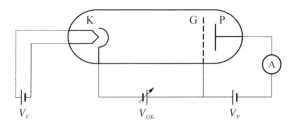

图 1　夫兰克-赫兹实验原理图

设氩原子的基态能量为 E_0,第一激发态的能量为 E_1。初速为零的电子在电位差为 V_{GK} 的加速电场作用下,获得能量 eV_{GK},具有这种能量的电子与氩原子发生碰撞,当电子能量 $eV_{GK} < E_1 - E_0$ 时,电子与氩原子只能发生弹性碰撞,由于电子质量比氩原子质量小得多,电子能量损失很少。如果 $eV_{GK} \geq E_1 - E_0 = \Delta E$,则电子与氩原子将会产生非弹性碰撞,氩原子从电子中取得能量 ΔE,从而由基态跃迁到第一激发态。若令 $\Delta E = eV_C$,那么相应的电位差 V_C 即为氩原子的第一激发电位。

在实验中,逐渐增加 V_{GK},由电流计读出板极电流 I_P,得到如图 2 所示的 I_P-V_{GK} 变化曲线。阴极 K 发射的热电子具有一定的初动能分布,但是其值较小,先不予考虑。

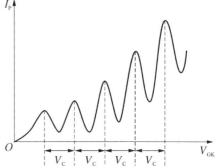

图 2　夫兰克-赫兹管的 I_P-V_{GK} 曲线

当 $0 < V_{GK} < V_C$ 时,电子在 K,G 之间将与氩原子发生弹性碰撞,碰撞后电子只改变运动方向而无能量损失。电子只要能够克服阻滞场到达板极 P 就能形成电流,并且板极电流 I_P 随着 V_{GK} 的增大而增大。

当 $V_{GK} = V_C$ 时,电子到达栅极附近时能从加速电场获得 eV_C 的动能,与氩原子将发生非弹性碰撞,碰撞后电子能量全部交给氩原子,使氩原子最外层电子跃迁到第一激发态。这些电子因损失能量而不能克服阻滞场的作用,它们不能到达板极 P 上形成电流,因此电流 I_P 将开始减小。

当 $V_C < V_{GK} < (V_C + V_P)$ 时,电子在接近栅极但未到栅极 G 处,就已经获得了 eV_C 的动能,若与氩原子发生碰撞,电子将交给氩原子 eV_C 的能量而使氩原子从基态跃迁到第一激发态。碰撞后的电子在到达栅极 G 时还将剩余动能($eV_{GK} - eV_C$),但因其剩余动能 ($eV_{GK} - eV_C$) $< eV_P$ 而不能克服阻滞场到达板极 P 形成电流。所以,随着 V_{GK} 的增加,与氩原子发生非弹性碰撞的电子越来越多,从而使电流 I_P 继续减小。

当 $V_C + V_P \leq V_{GK} < 2V_C$ 时,电子与氩原子发生非弹性碰撞后剩余的动能($eV_{GK} - eV_C$)$\geq eV_P$,此时电子有足够的动能可以克服阻滞场的作用到达

板极 P 形成电流.因此随着 V_{GK} 的增加,到达板极 P 形成电流的电子又逐渐增多,故电流 I_P 又开始回升.

当 $V_{GK} = 2V_C$ 时,电子在 K,G 空间的中部就已经获得了 eV_C 的能量,此时若跟氩原子碰撞,电子将与氩原子发生非弹性碰撞而使氩原子从基态跃迁到第一激发态.电子发生第一次非弹性碰撞后不剩下能量,但在后面的加速电场中又将重新获得 eV_C 的能量,因此又可与栅极 G 附近的另外一个氩原子发生非弹性碰撞,电子将再次交出能量而使这个氩原子从基态跃迁到第一激发态.经过两次非弹性碰撞后电子损失全部能量而不能克服阻滞场到达板极 P 上形成电流,所以电流 I_P 又将开始减小.

随着 V_{GK} 的进一步增大,电流 I_P 随加速电压 V_{GK} 的变化将重复以上过程.

由以上分析可以看出:

(1) 当 $V_{GK} = nV_C(n = 1, 2, 3, \cdots)$,即加速电压 V_{GK} 等于氩原子第一激发电位 V_C 的整数倍时,电流 I_P 都会开始下降,形成规则起伏的 I_P - V_{GK} 曲线.

(2) 任何两个相邻峰(或谷)间的加速电位差都对应为氩原子的第一激发电位.

所以,只要测出氩管的 I_P - V_{GK} 曲线,即可求出氩原子的第一激发电位,并由此证实原子确实有不连续能级存在.

从图 2 还可以看到,I_P 的极小值(谷)随着 V_{GK} 的增大而增大.这是因为电子与氩原子碰撞有一定的几率,即一部分电子与氩原子发生非弹性碰撞损失能量后,不能克服阻滞场到达板极 P 使电流 I_P 下降;而另一部分电子则因"逃避"了碰撞,能够到达板极 P 形成电流 I_P,又因电子动能越大,与氩原子碰撞的几率越小,因此,"谷"的极小值随着加速电压 V_{GK} 的增大而增大.

实际上,夫兰克-赫兹管的阴极和栅极通常是采用不同的金属材料制成的,它们的逸出功不同,因此会产生接触电势差.由于接触电势差的存在,使真正加在电子上的加速电压应是 V_{GK} 与接触电势差的代数和,从而使得整个 I_P - V_{GK} 曲线发生平移,也使曲线上第一个峰与原点所对应的加速电压的差并不等于氩原子的第一激发电位 V_C。

上面讨论的夫兰克-赫兹管是三极管,实际上采用的是改进以后的四极管结构。与三极管相比,四极管在靠近阴极 K 处增加了一个栅极 G_1,而原来三极管的栅极 G 则记为 G_2,如图 3 所示。KG_1 的距离小于电子在氩气中的平均自由程,因此电子在 KG_1 区间与氩原子碰撞的几率很小。所以,电子可以在 KG_1 间加速获得较高的能量,然后在较大的 G_1G_2 区间与氩原子发生碰撞时,可以将氩原子激发到更高的激发态。

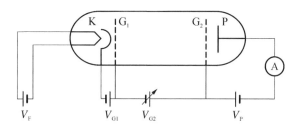

图 3　改进后的夫兰克-赫兹实验原理图

二、实验装置

夫兰克-赫兹实验仪主要由 F－H 管、F－H 管电源组、扫描电源和微电流放大器、I_P 和 V_{G2} 测量显示等组成。

1. 夫兰克-赫兹实验管

F－H 管为实验仪的核心部件,F－H 管采用间热式阴极、双栅极和板极的四极形式,各极均为圆筒状。管内充氩气,用玻璃封装。

2. F－H 管电源组

F－H 管电源组提供各电极所需的工作电压。灯丝电压 V_F,直流 1.3～5 V,连续可调;栅极 G_1 与阴极 K 间电压 V_{G1},直流 0～6 V,连续可调;栅极 G_2 与阴极 K 间电压 V_{G2},直流 0～90 V,连续可调。

3. 扫描电源和微电流放大器

扫描电源提供可调直流电压或锯齿波电压,作为 F－H 管的加速电压。直流电压供手动测量,锯齿波电压供示波器、X－Y 记录仪和计算机用。微电流放大器用来检测 F－H 管流过板极的电流 I_P。性能如下:

（1）具有"手动"和"自动"两种扫描方式："手动"输出直流电压 0～90 V，连续可调；"自动"输出 0～90 V 锯齿波电压，扫描上限可以用 V_{G2} 电压调节旋钮进行设定。

（2）扫描速率分"快速"和"慢速"两档："快速"是周期约为 20 次/s 的锯齿波，供示波器和计算机用；"慢速"是周期约为 0.5 次/s 的锯齿波，供 X－Y 记录仪用。

（3）微电流放大测量范围为 10^{-9}，10^{-8}，10^{-7}，10^{-6} A 4 档。

4. I_P 和 V_{G2} 测量显示

夫兰克-赫兹实验值 I_P 和 V_{G2} 分别用三位半数字表头显示。另设端口供示波器、X－Y 记录仪及计算机显示或者直接记录 I_P－V_{G2} 曲线的各种信息。

5. 面板及各部分功能

夫兰克-赫兹实验仪的前面板如图 4 所示。各部分的功能说明如下：1——I_P 显示表头（表头示值×指示档后为 I_P 实际值）；2——I_P 微电流放大器量程选择开关，分 1 μA，100 nA，10 nA，1 nA 4 档；3——数字电压表头（与 8）相关，可以分别显示 V_F，V_{G1}，V_P，V_{G2} 值（其中 V_{G2} 值为表头示值×10 V）；4——V_{G2} 电压调节旋钮；5——V_P 电压调节旋钮；6——V_{G1} 电压调节旋钮；7——V_F 电压调节旋钮；8——电压示值选择开关，可以分别选择 V_F，V_{G1}，V_P，V_{G2}；9——I_P 输出端口，接示波器 Y 端、X－Y 记录仪 Y 端或者计算机接口的电流输入端；10——V_{G2} 扫描速率选择开关，"快速"档供接示波器观察

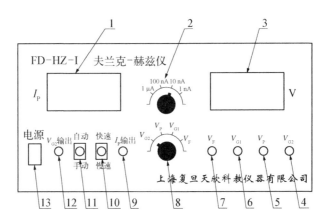

图 4　夫兰克-赫兹实验仪前面板示意图

I_P-V_{G2}曲线或计算机用,"慢速"档供 X-Y 记录仪用;11——V_{G2}扫描方式选择开关,"自动"档供示波器、X-Y 记录仪或计算机用,"手动"档供手动记录数据使用;12——V_{G2}输出端口,接示波器 X 端、X-Y 记录仪 X 端或计算机接口电压输入用;13——电源开关。

三、实验内容和步骤

1. 用示波器观察波形

(1) 连好主机后面板电源线,用 Q9 线将主机前面板上"V_{G2}输出"与示波器上的"X 相"(供外触发使用)相连,"I_P 输出"与示波器"Y 相"相连。

(2) 将扫描开关置于"自动"档,扫描速度开关置于"快速"档,微电流放大器量程选择开关置于"10 nA"。

(3) 分别将示波器的"X"、"Y"电压调节旋钮调至合适档位,并选用"X-Y"模式,"交直流"全部打到"DC"。

(4) 分别开启主机和示波器电源开关,稍等片刻。

(5) 分别调节 V_{G1},V_P,V_F 电压至合适值(可以先参考给出值),将 V_{G2} 由小慢慢调大(以 F-H 管不击穿为界),直至示波器上观察到稳定的氩的 I_P-V_{G2}曲线。

2. 用计算机显示法

(1) 用 Q9 线将主机前面板上 "V_{G2}输出"和"I_P 输出"分别与计算机接口上的"CH1"和"CH2"相连。将计算机接口与计算机的"COM1"连接。

(2) 按计算机接口的"复位"按钮使其复位。

(3) 启动计算机的 F-H 软件,单击"联机",开始采集实验数据。

(4) 显示比较完整的波形后,单击"断开联机",停止采集。

3. 用 X-Y 记录仪记录

用 Q9 线将主机前面板上"I_P 输出"与 X-Y 记录仪的"CH1"或"CH2"相连,将扫描速度开关置于"慢速"档,正确操作 X-Y 记录仪记录曲线。

4. 手动测量法

(1) 调节 V_{G2} 至最小,扫描开关置于"手动"档。

(2) 用手动方式逐渐增大 V_{G2},每隔 1 V 记录一组(V_{G2},I_P)数据。

（3）描画氩的 I_P - V_{G2} 关系曲线图。

四、实验数据处理

利用 I_P - V_{G2} 曲线各峰所对应的"V_{G2}"和"I_P"的值，计算出氩原子的第一激发电位。

五、实验注意事项

（1）仪器应该检查无误后才能接通电源，开关电源前应先将各电位器逆时针旋转至最小值位置。

（2）灯丝电压 V_F 不宜放得过大，一般在 2 V 左右，如电流偏小再适当增加。

（3）要防止 F-H 管击穿（电流急剧增大），如发生击穿应立即调低 V_F，以免 F-H 管受损。

（4）实验完毕，应将各电位器逆时针旋转至最小值位置。

实验十四

激光拉曼光谱

一、实验课题意义及要求

拉曼光谱是分子或凝聚态物质的散射光谱。拉曼散射是拉曼首先从实验上观察到的一种散射现象,它本质上是单色光与分子或晶体物质发生非弹性散射的结果。由于拉曼谱线的数目、频移、强度直接与分子的振动和转动能级有关。因此,研究拉曼光谱可以提供物质结构的有关信息。自从激光问世以来,拉曼光谱的研究取得了长足进展,目前,已广泛应用于物理、化学、生物、生命科学等研究领域。例如:对各种材料及膜进行拉曼分析,对无机、有机、高分子等化合物进行定性分析以及对生物大分子的构象变化和相互作用进行研究等,甚至还可以应用在宝石、文物、公安样品的无损鉴定等方面。

通过本实验,要求学生掌握拉曼散射的原理以及拉曼光谱分析的实验技术。

二、参考文献

[1] 周孝安,赵咸凯,谭锡安,等. 近代物理实验教程[M].武汉:武汉大学出版社,1998.

[2] 宏存茂. 物理化学实验——激光拉曼光谱[J]. 大学化学,1986(4):44.

[3] 赵藻藩,等.仪器分析[M].北京:高等教育出版社,1995.

[4] 郑振维,龙罗明,周春生,等. 近代物理实验[M].长沙:国防科技

大学出版社,1989.

　　[5]　吴思诚,王祖铨.近代物理实验(第二版)[M].北京:北京大学出版社,1995.

　　[6]　张天喆,董有尔.近代物理实验[M].北京:科学出版社,2004.

　　[7]　晏于模,等.近代物理实验[M].长春:吉林大学出版社,1995.

三、提供仪器及材料

LRS-Ⅱ激光拉曼光谱仪,四氯化碳等。

四、开题报告及预习

1. 光照射介质时,按散射光相对于入射光波数的改变情况,可将散射光分成哪 3 类?

2. 拉曼散射的经典理论解释是怎样的?

3. 拉曼散射的半经典量子解释是怎样的?

4. 为什么斯托克斯线通常比反斯托克斯线强很多?

5. 拉曼光谱的分布有何特征?

6. 在实际工作中,拉曼光谱有何应用?

7. 激光拉曼光谱仪主要由哪些部分构成?

8. 激光拉曼光谱仪的外光路系统主要起什么作用? 应如何进行调整?

9. 单色仪的结构和基本原理是怎样的?

10. 光电倍增管 PMT 的基本工作原理是怎样的?

11. 在拉曼光谱仪中,为什么要采用单光子计数器?

12. 单光子脉冲和热发射噪声脉冲分别是怎样产生的? 如何进行区分?

13. 在本实验中,计数器的时间间隔有何要求? 为什么?

14. 拉曼光谱仪的操作步骤是怎样的?

15. 在使拉曼散射光在单色仪入射狭缝处清晰成像调整中,有何方法和技巧?

五、实验课题内容及指标

1. 熟悉激光拉曼光谱仪的结构及使用方法。

2. 测量四氯化碳的拉曼光谱。

3. 计算四氯化碳各拉曼谱线与入射光的波数差,验证拉曼光谱的分布特征。

六、实验结题报告及论文

1. 报告实验课题研究的目的。

2. 介绍实验的基本原理和实验方法。

3. 介绍实验所用的仪器装置及其使用方法。

4. 对实验数据进行处理,要求计算四氯化碳各拉曼谱线与入射光的波数差,验证拉曼光谱的分布特征。

5. 报告通过本实验所得收获并提出自己的意见。

实 验 指 导

光照射介质时,除被介质吸收、反射和透射外,总会有一部分被散射。按散射光相对于入射光波数的改变情况,可将散射光分成 3 类:第一类,散射光与入射光的波数基本不变或变化小于 10^{-5} cm^{-1},这类散射称为瑞利(Rayleigh)散射;第二类,散射光与入射光波数有较大差别,其变化大于 1 cm^{-1},这类散射就是拉曼(Raman)散射;第三类是散射光与入射光波数差介于上述两者之间,这类散射被称为布里渊(Brillouin)散射。从散射光的强度看,瑞利散射的强度最大,但一般也只有入射光强的 $10^{-3} \sim 10^{-5}$,拉曼散射光最弱,仅为入射光强的 $10^{-7} \sim 10^{-9}$。

拉曼散射现象在实验上是 1928 年首先由印度科学家拉曼(C. V. Raman)和前苏联科学家曼杰斯塔姆(л. и. мандепь-щгам)发现的。由于拉曼散射强度很弱,早先的拉曼光谱工作主要限于线性拉曼谱,在应用上以结构化学的分析工作居多。但是 20 世纪 60 年代激光技术的出现和接收技术的不断改进,拉曼光谱突破了原先的局限,获得了迅猛的发展。至今,拉曼光谱学在化学、物理和生命科学等各个方面已得到日益广泛的应用。

一、实验原理

1. 分子的振动

一个分子的状态基本上由 3 个部分组成:① 分子中电子的运动;② 组成分子的各原子核由于热运动在其平衡位置附近的微小振动;③ 分子的整体转动。我们只考虑分子振动引起的拉曼散射。

一个多原子分子的运动可以用普通的笛卡儿坐标来描述。由 N 个原子组成的分子具有 $3N$ 个自由度,其中包括分子的 3 个平移运动自由度和 3 个转动自由度,其余$(3N-6)$个自由度是描述分子振动的。

如果用普通坐标描述分子振动的瞬时位移,则当分子振动时每个原子的运动轨迹都是一条极为复杂的曲线,因此,整个分子的振动情况是非常复杂的。但是,分子的这种复杂振动可以分解为$(3N-6)$种简单的简正"运动"。例如,一个四氯化碳分子具有 $3N-6=3\times5-6=9$ 个振动自由度。四氯化碳分子的结构如图 1 所示,4 个氯原子位于正四面体的 4 个顶点,碳原子在正四面体的中心。整个分子的复杂振动可以分解为图 2 所示的 9 种简单振动。

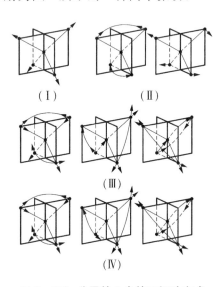

（Ⅰ）　　　　　（Ⅱ）

（Ⅲ）

（Ⅳ）

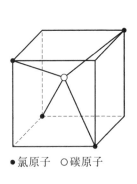

●氯原子　○碳原子

图 1　CCl₄ 分子结构　　　　　**图 2　CCl₄ 分子的 9 个简正振动方式**

在每种振动中,组成分子的每个原子核都沿着箭头所示方向往复地做简谐振动,但振动的振幅不同,这种振动称为"简正振动"。不同的简正振动具有不同的"简正频率"。整个四氯化碳分子的复杂振动可以认为是这 9 种简正振动的叠加。因此,N 个原子组成的分子的复杂振动可以分解为($3N-6$)种简正振动。

可以用"简正坐标"来描述分子的简正振动。一个简正坐标对应于一种频率的简正振动。($3N-6$)种简正振动的简正坐标为

$$(Q_1, Q_2, \cdots, Q_i, \cdots, Q_{3N-6})$$

每个简正坐标 Q_i 都以它对应的简正频率 ω_i 振动着,即

$$Q_i = Q_{i0} \cos(\omega_i t + \varphi_i) \tag{1}$$

式中,Q_{i0} 是振动的振幅,φ_i 是振动的初位相,t 表示时间。其中每个简正坐标都是描述整个分子振动的。引入简正坐标就意味着用一套独立振动的谐振子来表示复杂的耦合振动系统。

2. 拉曼散射的经典理论

分子极化率 α 是分子内部运动坐标的函数。当分子各向同性时,α 是一个标量;当分子各向异性时,α 是一个张量。分子中的原子由于热运动而在平衡位置附近振动,因原子核之间的相对位置的变化,分子的极化率 α 也会发生变化。因此,分子极化率 α 可看作是描述分子振动的简正坐标的函数:

$$\alpha = f(Q_1, Q_2, \cdots, Q_i, \cdots, Q_{3N-6}) \tag{2}$$

在其平衡位置附近的泰勒展开式为

$$\alpha = \alpha_0 + \sum_{i=1}^{3N-6} \left(\frac{\partial \alpha}{\partial Q_i}\right)_0 Q_i + \frac{1}{2} \sum_{i,j=1}^{3N-6} \left(\frac{\partial^2 \alpha}{\partial Q_i \partial Q_j}\right)_0 Q_i Q_j + \cdots \tag{3}$$

式中,α_0 是分子在平衡位置时的极化率,$\left(\dfrac{\partial \alpha}{\partial Q_i}\right)_0$ 是分子极化率随圆频率 ω_i 的简正振动而发生变化在平衡位置时的偏微商值。在下面的讨论中,对上式只近似到一级项。

将式(1)代入式(3)得

$$\alpha = \alpha_0 + \sum_i \left(\frac{\partial \alpha}{\partial Q_i} \right)_0 Q_{i0} \cos(\omega_i t + \varphi_i) \tag{4}$$

入射于散射分子上的光波电场可表示为

$$E = E_0 \cos(\omega_0 t) \tag{5}$$

式中，E_0 是入射光波电场的振幅矢量，ω_0 是入射光的圆频率。

当分子受到入射光波电场 E 的作用时，分子的电子云会重新分布，产生感应电偶极矩

$$P = \alpha E \tag{6}$$

将式(4)、式(5)代入式(6)得

$$P = \alpha_0 E_0 \cos(\omega_0 t) + \sum_i \left(\frac{\partial \alpha}{\partial Q_i} \right)_0 \frac{Q_{i0} E_0}{2} \{ \cos[(\omega_0 + \omega_i)t + \varphi_i] +$$

$$\cos[(\omega_0 - \omega_i)t + \varphi_i] \} \tag{7}$$

式(7)表明分子的电偶极矩是随时间变化的，并且分子电偶极矩的振荡是一系列不同频率振荡的组合，每一种频率成分所贡献的电偶极矩都可以看作是一个独立的振荡电偶极子。按照经典电磁理论，一个振荡电偶极子是要发射辐射的。因此，它将辐射各种频率的电磁波，即产生不同频率的散射光。

式(7)第一项表示具有一种与入射光频率相同的散射光，散射光强度直接与分子极化率有关。此项中的位相与入射光电场的位相相同，所以是相干散射。这种散射称为瑞利散射，它对应弹性散射过程。

第二项表示在分子的散射光中还有与入射光频率不同的散射光。$(\omega_0 + \omega_i)$ 频率的光为反斯托克斯散射光，$(\omega_0 - \omega_i)$ 频率的光为斯托克斯散射光。因为初位相 φ_i 对于每个散射分子都是不同的，所以是非相干散射。这种散射称为拉曼散射，它对应非弹性散射过程。拉曼散射过程可看作是振荡频率为 $(\omega_0 \pm \omega_i)$ 的电偶极子引起的，这些频率是当电偶极子以频率 ω_0 振荡时被频率为 ω_i 的分子振动所调制而形成的。核的运动和电场之间的耦合是由电子提供的，电子随着核的运动重新排列，把一个简谐变化强加于极化率上。

简言之,在拉曼散射中所观察到的各个频率是入射光电场 ω_0 和分子振动频率 ω_i 之间的拍频。

第二项中的 $\left(\dfrac{\partial \alpha}{\partial Q_i}\right)_0$ 决定了振动 Q_i 激发频率为 $(\omega_0 \pm \omega_i)$ 的拉曼散射是否会产生。如果 $\left(\dfrac{\partial \alpha}{\partial Q_i}\right)_0 \neq 0$,则在频率为 ω_i 的简正振动 Q_i 中,分子极化率将会发生变化,产生频率为 $(\omega_0 \pm \omega_i)$ 的拉曼散射光,我们称振动 Q_i 是拉曼活性的。如果 $\left(\dfrac{\partial \alpha}{\partial Q_i}\right)_0 = 0$,则在频率为 ω_i 的简正振动 Q_i 中,分子极化率将不会发生变化,这时不可能产生频率为 $(\omega_0 \pm \omega_i)$ 的拉曼散射光。由此可见,拉曼散射是与使极化率发生变化的分子振动相对应的。

第二项前面的符号 $\sum\limits_{i=1}^{3N-6}$ 表示当频率为 ω_0 的光被分子散射时与分子固有的简正振动频率 $(\omega_1, \omega_2, \cdots, \omega_i, \cdots, \omega_{3N-6})$ 相对应可能产生 $(3N-6)$ 种频率为 $(\omega_0 \pm \omega_1)$,$(\omega_0 \pm \omega_2)$,$\cdots$,$(\omega_0 \pm \omega_i)$,$\cdots$,$(\omega_0 \pm \omega_{3N-6})$ 的拉曼散射光。显然,对于那些 $\left(\dfrac{\partial \alpha}{\partial Q_i}\right)_0 = 0$ 的项就不会存在相应的拉曼散射线。

3. 拉曼散射的半经典量子解释

按量子论的观点,频率为 ω_0 的入射单色光可以看作是具有能量为 $\hbar\omega_0$ 的光子。当光子与物质分子碰撞时有两种可能,一种是弹性碰撞,另一种是非弹性碰撞。在弹性碰撞过程中,没有能量交换,光子只改变运动方向,这就是瑞利散射;而非弹性碰撞不仅改变运动方向,而且有能量交换,这就是拉曼散射。图 3 是光散射的半经典量子解释示意图。

处于基态 E_0 的分子受到入射光子 $\hbar\omega_0$ 的激发跃迁到一受激虚态,而受激虚态是不稳定的,很快向低能级跃迁。如果跃迁到基态 E_0,把吸收的能量 $\hbar\omega_0$ 以光子的形式释放出来,这就是弹性碰撞,为瑞利散射;如果跃迁到电子基态中的某振动激发态 E_n 上,则分子吸收部分能量 $\hbar\omega_i$,并释放出能量为 $\hbar(\omega_0 - \omega_i)$ 的光子,这是非弹性碰撞,产生斯托克斯线。

若分子处于某振动激发态 E_n 上,受到能量为 $\hbar\omega_0$ 的光子激发跃迁到另一受激虚态,如果从虚态仍跃迁到 E_n,产生瑞利散射;如果从虚态跃迁到基

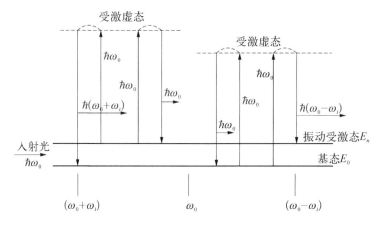

图 3 光散射的半经典量子解释示意图

态 E_0，则释放出能量为 $\hbar(\omega_0 + \omega_i)$ 的光子，产生反斯托克斯线。

拉曼散射的谱线强度正比于处于初始态中的分子数，对应于斯托克斯线的初始态为基态，而对应于反斯托克斯线的初始态为一激发态。根据玻尔兹曼分布，在常温下，处于基态的分子占绝大多数，所以通常斯托克斯线比反斯托克斯线强很多，经典理论则不能正确解释这一现象。

4. CCl_4 分子的振动拉曼光谱

物体绕其自身的某一轴旋转一定角度、或进行反演、或旋转加反演之后物体又自身重合的操作称对称操作。由前面的分析可知，CCl_4 分子应有 9 个简正振动方式，这 9 个简正振动方式可以分为 4 类，如图 2 所示。这 4 类振动根据其反演对称性不同还有对称振动和反对称振动之分，其中除第（Ⅰ）类是对称振动外，其余 3 类都是反对称振动。同一类振动，不管其具体振动方式如何，都有相同的振动能，所以如果某个分子有 l 类振动，则一般来说，最多只可能有 l 条基本振动拉曼线。如果考虑到振动间耦合引起的微扰，有的谱线分裂成两条，CCl_4 最弱的双重线就是由于最强和次强的两条谱线所对应的振动的耦合造成的微扰，使最弱线分裂成双重线。每类振动所具有的振动方式数目对应于量子力学中能级简并的重数，如第（Ⅱ）类振动具有两个振动方式，称该类振动为二重简并。

CCl_4 分子的振动拉曼光谱如图 4 所示。中间强度最大的为瑞利峰，瑞利峰的左边为反斯托克斯线，右边为斯托克斯线。拉曼光谱在外观上有 3 个明显的特征：① 对同一样品,同一拉曼线的波数差 $\Delta\tilde{\nu} = \tilde{\nu} - \tilde{\nu}_0$ 与入射光的波长无关；② 在以波数为变量的拉曼光谱图上,如果以入射光波数为中心点,则斯托克斯线和反斯托克斯线对称地分布在入射光的两边；③ 斯托克斯线的强度一般都大于反斯托克斯线的强度。拉曼光谱的上述特点是散射体内部结构和运动状态的反映,也是拉曼散射固有机制的体现。

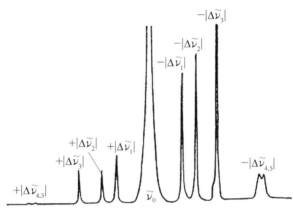

图 4　CCl_4 分子的振动拉曼光谱

5. 拉曼光谱的应用

根据以上讨论的拉曼光谱的基本原理,一方面可以在分析分子结构及其对称性的基础上,推测出该分子拉曼光谱的基本概貌,如谱线数目、大致位置、偏振性质和它们的相对强度；另一方面,又可以从实验上确切知道谱线的数目和每条线的波数、强度及其对应的振动方式。我们只要将两方面的工作有机结合起来,就可以利用拉曼光谱来获得有关分子的结构和对称性的信息。

在拉曼光谱基本原理讨论中,除了分子结构和振动方式以外,并没有涉及分子的其他属性,因而可以推断出：同一空间结构但原子成分不同的分子,其拉曼光谱的基本面貌应是相同的。人们在实际工作中就利用这一推断,把一个结构未知分子的拉曼光谱和结构已知分子的拉曼光谱进行比对,以确定该分子的空间结构及其对称性。当然,结构相同的不同分子其原子、原子间距和原子间相互作用等情况还有可能有很大的差别,因而不同分子的拉曼光谱在细节上还是不同的。每一种分子都有其特征的拉曼光谱,因此利用拉曼光谱也可以鉴别和分析样品的化学成分和结构性质。外界条件的变化对分子结构和运动会产生程度不同的影响,所以拉曼光谱也常被用来研究物质的浓度、温度和压力等效应。

二、实验装置

激光拉曼光谱仪主要由激光光源、外光路系统、色散系统、光电倍增管和探测系统 5 部分构成。如图 5 所示。

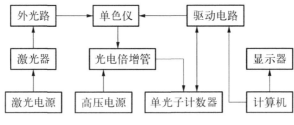

图 5 激光拉曼光谱仪的结构

1. 光源

激光提供了一种高度单色、高亮度、高度准直和高度偏振的进行拉曼散射实验的理想光源。本仪器采用的是 532 nm 的半导体激光器,其输出功率 $\geqslant$40 mW。

2. 外光路系统

如图 6 所示。外光路系统主要包括聚光部件、集光部件、样品架 S 和偏振组件 P_1 和 P_2 等。聚光部件是为了增强样品上入射光的辐照功率,集光部件是为了最大限度地收集散射光,偏振组件是用来做偏振测量用的。

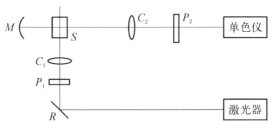

图 6 外光路系统

激光器射出的激光束被反射镜 R 反射后,照射到样品 S 上。为了得到较强的激发光,采用一聚光镜 C_1 使激光聚焦,使在样品容器的中央部位形成激光的束腰。为了增强效果,在容器的另一侧放一凹面反射镜 M。凹面镜 M 可使样品在该侧的散射光返回,最后由聚光镜 C_2 把散射光会聚到单色仪的入射狭缝上。

调节好外光路,是获得拉曼光谱的关键,首先应使外光路与单色仪的内光路共轴。一般情况下,它们都已调好并被固定在一个钢性台架上。可调的主要是激光照射在样品上的束腰应恰好被成像在单色仪的入射狭缝上。是否处于最佳成像位置可通过单色仪扫描出的某条拉曼谱线的强弱来判断。

3. 色散系统

色散系统的功能是使拉曼散射光按波长在空间展开。我们采用的是单色仪,其结构如图 7 所示。

在图 7 中,S_1 为入射狭缝,M_1 为准直镜,G 为平面衍射光栅,衍射光束经成像物镜 M_2 会聚,平面镜 M_3 反射直接照射到出射狭缝 S_2 上,在 S_2 外侧有一光电倍增管 PMT,当光谱仪的光栅转动时,光谱信号通过光电倍增管转换成相应的电脉冲,并

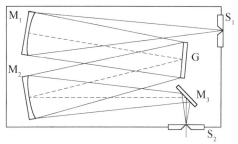

图 7　单色仪的光学结构

由光子计数器放大、计数,进入计算机处理,在显示器上得到光谱的分布曲线。

4. 光电倍增管 PMT

光电倍增管 PMT 由光阴极、收集电子的阳极和在光阴极与阳极之间 10 个左右能发射二次电子的次阴极(又称倍增极或打拿极)构成。在每个电极上加上正电压,相邻的两个电极之间的电位差一般在 100 V 左右。当光子打到光阴极上时,发生光电效应,打出的光电子被加速聚集到第一倍增极上,平均每个光电子在第一倍增极上打出 3~6 个次级电子,增值后的电子又为随后的电场加速,打到第二倍增极上,平均每个电子又打出 3~6 个次级电子⋯⋯这样经过 n 级倍增以后,在阳极上就能收集到大量的电子,从而在与阳极相连的负载上形成一个电压脉冲。

5. 探测系统

拉曼散射是一种极微弱的光,其强度小于入射光强的 10^{-6},比光电倍增管本身的热噪声水平还要低。用通常的直流检测方法已不能把这种淹没在噪声中的信号提取出来,采用单光子计数器方法能够较好地解决这个问题,它是利用弱光下光电倍增管输出电流信号自然离散的特征,采用脉冲幅度甄别和数字计数技术将淹没在背景噪声中的弱光信号提取出来。

在弱光测量时,通常是测量光电倍增管阳极电阻上的电压。测得的信号或电压是连续信号。当弱光照射到光阴极上时,每个入射光子以一定的概率(即量子效率)使光阴极发射一个电子。这个光电子经倍增系统的多次倍增,最后在阳极回路中形成一个电流脉冲,通过负载电阻形成一个电压脉冲,这个脉冲称为单光子脉冲。除光电子脉冲外,还有各倍增极的热发射电子在阳极回路中形成的热发射噪声脉冲。热电子受倍增的次数比光电子少,因而它在阳极上形成的脉冲幅度较低。此外还有光阴极的热发射形成的脉冲。噪

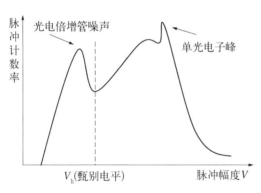

声脉冲和光电子脉冲的幅度的分布如图 8 所示。脉冲幅度较小的主要是热发射噪声信号,而光阴极发射的电子(包括光电子和热发射电子)形成的脉冲幅度较大,出现"单光电子峰"。用脉冲幅度甄别器把幅度低于 V_h 的脉冲抑制掉。只让幅度高于 V_h 的脉冲通过就能实现单光子计数。

图 8 光电倍增管输出脉冲分布

单光子计数器的原理框图如图 9 所示。单光子计数器中使用的光电倍增管的光谱响应应适合所用的工作波段,暗电流要小(它决定管子的探测灵敏度),响应速度及光阴极稳定。光电倍增管性能的好坏直接关系到单光子计数器能否正常工作。放大器的功能是把光电子脉冲和噪声脉冲线性放大,应有一定的增益,上升时间≤3 ns,即放大器的通频带宽达 100 MHz;有较宽的线性动态范围及低噪声,经放大的脉冲信号送至脉冲幅度甄别器。

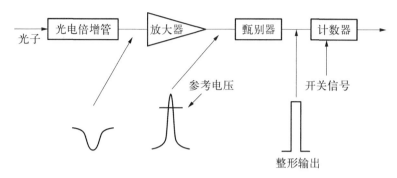

图 9 单光子计数器

在脉冲幅度甄别器里设有一个连续可调的参考电压 V_h,如图 10 所示,当输入脉冲高度低于 V_h 时,甄别器无输出;只有高于 V_h 的脉冲,甄别器才输出一个标准脉冲。如果把甄别电平选在图 8 中谷点对应的脉冲高度上,就能去掉大部分噪声脉冲而只有光电子脉冲通过,从而提高信噪比。甄别器输出经过整形的脉冲。

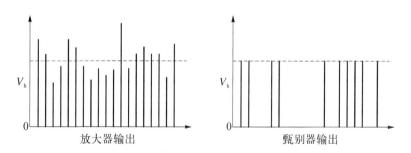

图 10 甄别器工作示意图

计数器的作用在规定的测量时间间隔内将甄别器的输出脉冲累加计数。在本仪器中此间隔时间与单色仪步进的时间间隔相同。单色仪进一步,计数器向计算机输出一次数,并将计数器清零后继续累加新的脉冲。

三、实验内容和步骤

本实验以四氯化碳为样品,测量四氯化碳的拉曼光谱。

(1) 对照图 11 和图 12 将电缆连接好,打开激光器。

(2) 调节外光路,使入射激光束铅垂地通过需要放置样品的中心。

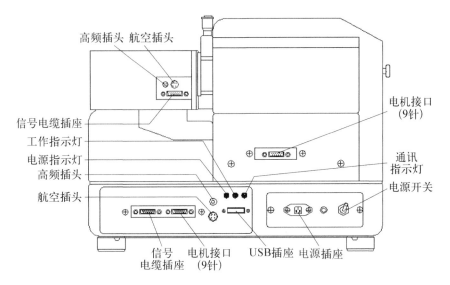

图 11 LRS-Ⅱ激光拉曼光谱仪接线面板图

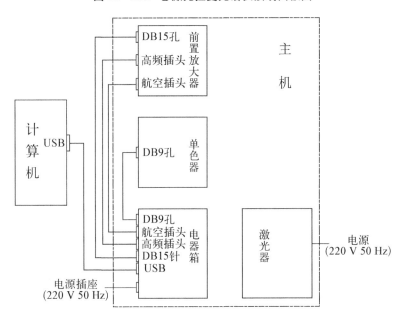

图 12 LRS-Ⅱ激光拉曼光谱仪接线图

（3）使聚焦激光束的腰部正好处于放置样品处的中心，调节汇聚透镜 C_1 的上下位置，使会聚光束最细处与聚透镜 C_2 光轴延长线相交。

（4）把样品放在样品架上，使样品处于最佳照明状态。调节样品架的位置，使激光束从各个方向观察都处于样品的正中央。

（5）反复调节聚光镜 C_2 的前后左右位置，使样品被照明部分清晰地成像于单色仪入射狭缝上。样品是否最佳地成像于狭缝，可在光谱仪扫描时，使其固定于某一谱线位置，连续地采集该谱线的光强信号（即定波长扫描），再仔细调节外光路系统，使其光强最大。

（6）仔细调节集光镜 M，使其所收集的散射光也成像于单色仪的入射狭缝处。

（7）打开仪器的电源。

（8）打开计算机，启动应用程序。

（9）通过阈值窗口选择适当的阈值。

（10）在参数设置区设置阈值和积分时间及其他参数。

（11）扫描，根据情况调节狭缝至最佳效果。

（12）数据处理及存储打印。

（13）关闭应用程序。

（14）关闭仪器电源。

（15）关闭激光器电源。

四、实验数据处理

计算四氯化碳各拉曼谱线与入射光的波数差，验证拉曼光谱的分布特征。

五、实验注意事项

（1）保证使用环境。

（2）光学零件表面有灰尘，不允许接触擦拭，可用吹气球小心吹掉。

（3）每次测试结束，取出样品，关断电源。

实验十五

阿贝成像原理和空间滤波

一、实验课题意义及要求

1873 年阿贝首先提出了显微镜成像的原理及随后的阿贝-波特空间滤波实验,在傅里叶光学早期发展史上做出了重要的贡献。这些实验简单、形象,令人信服,对相干光成像的机理及频谱分析的综合原理作出了深刻的解释,同时这种用简单的模板作空间滤波的方法,一直延续至今,在图像处理技术中仍然有广泛的应用价值。

本实验要求学生加强对傅里叶光学中有关空间频率、空间频谱和空间滤波等概念的理解,了解阿贝成像原理中"分频"和"合成"的作用,并且掌握一些简单的空间滤波技术。

二、参考文献

[1] 张天喆,董有尔. 近代物理实验[M]. 北京:科学出版社,2004.

[2] 郑振维,龙罗明,周春生,等. 近代物理实验[M]. 长沙:国防科技大学出版社,1989.

[3] 林木欣. 近代物理实验教程[M]. 北京:科学出版社,1999.

[4] 吕斯骅,等. 基础物理实验[M]. 北京:北京大学出版社,2002.

[5] 袁冬媛,徐富新. 大学物理实验教程[M]. 长沙:中南大学出版社,2001.

[6] 刘列,杨建坤,卓尚攸,等. 近代物理实验[M]. 长沙:国防科技大学出版社,2000.

三、提供仪器及材料

OIP - 1 光学信息处理系统。

四、开题报告及预习

1. 什么叫空间频率和空间频谱?
2. 频谱面上的光点具有哪些物理意义?
3. 当 $g(x, y)$ 为空间的周期函数时,其空间频谱有何特征?
4. 阿贝成像原理是怎样的?
5. 什么叫光学空间滤波?
6. 为什么显微镜的分辨率受到透镜孔径的限制?
7. 有哪些简单的空间滤波方法? 经其滤波后图像有何特征?

五、实验课题内容及指标

1. 进一步熟悉光学实验的光路调整方法。
2. 阿贝成像原理和简单的空间滤波实验。

六、实验结题报告及论文

1. 报告实验课题研究的目的。
2. 介绍实验的基本原理和实验方法。
3. 介绍光路的调整方法。
4. 对阿贝成像原理和简单的空间滤波技术能进行正确的解释。
5. 报告通过本实验所得收获并提出自己的意见。

实 验 指 导

一、实验原理

1. 二维傅里叶变换和空间频谱

在光学信息处理中常用傅里叶变换来表达和处理光的成像过程。设在

衍射屏 x-y 平面上光场的振幅分布为 $g(x, y)$,可以将这样一个空间分布展开成一系列二维基元函数 $\exp[\mathrm{i}2\pi(f_x x + f_y y)]$ 的线性叠加,即

$$g(x, y) = \iint_\infty G(f_x, f_y)\exp[\mathrm{i}2\pi(f_x x + f_y y)]\mathrm{d}f_x\mathrm{d}f_y \tag{1}$$

式中,f_x,f_y 分别为 x,y 方向的空间频率,即单位长度内振幅起伏的次数。$G(f_x, f_y)$ 则称为光场 $g(x, y)$ 的空间频谱,$G(f_x, f_y)$ 可由 $g(x, y)$ 的傅里叶变换求得,其关系式为

$$G(f_x, f_y) = \iint_\infty g(x, y)\exp[-\mathrm{i}2\pi(f_x x + f_y y)]\mathrm{d}x\mathrm{d}y \tag{2}$$

$g(x, y)$ 和 $G(f_x, f_y)$ 实质上是对同一光场的两种等效描述。

2. 透镜的二维傅里叶变换性质

会聚透镜除了具有成像性质外,还具有进行二维傅里叶变换的本领。在图 1 中,若在焦距为 F 的会聚透镜的前焦平面 x-y 面上放置一振幅透过率为 $g(x, y)$ 的衍射屏,并以波长为 λ 的相干平行光垂直照射此衍射屏,则在透镜 L 的后焦平面 ξ-η 面上可得到 $g(x, y)$ 的傅里叶变换,即空间频谱:

$$G(\xi,\eta) = c\iint_\infty g(x, y)\exp\left[-\mathrm{i}2\pi\left(\frac{\xi}{\lambda F}x + \frac{\eta}{\lambda F}y\right)\right]\mathrm{d}x\mathrm{d}y \tag{3}$$

与式(2)相比,空间频率 f_x,f_y 与透镜后焦平面(即频谱面)上的坐标 ξ,η 有如下关系:

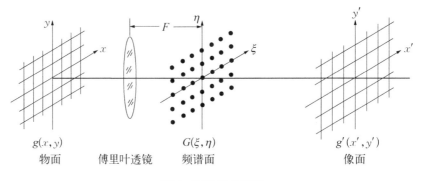

g(x, y)　　　　　　　　G(ξ,η)　　　　　　　g'(x', y')
物面　　　傅里叶透镜　　频谱面　　　　　像面

图 1　阿贝成像原理

$$f_x = \frac{\xi}{\lambda F}, \; f_y = \frac{\eta}{\lambda F} \tag{4}$$

显然,$G(\xi, \eta)$ 为空间频率为 $f_x = \dfrac{\xi}{\lambda F}$,$f_y = \dfrac{\eta}{\lambda F}$ 频谱项的复振幅,$|G(\xi, \eta)|^2$ 为频谱面上的光强分布。

根据频谱分析理论,频谱面上的每一点都具有以下 4 点明确的物理意义:

(1) 频谱面上任一光点对应着物面上的一个空间频率成分。

(2) 光点离谱面中心的距离,标志着物面上该频率成分的频率高低。由于空间频率 f_x, f_y 分别正比于 ξ, η,所以离中心远的点对应于物面上的高频成分,反映着物的细节;靠近中心的点对应于物面上的低频成分,反映着物的轮廓;中心亮点对应着零频成分,它不包含任何物的信息,反映在像面上呈现均匀光斑而不能成像。

(3) 光点的方向指出物面上该频率成分的方向,例如横向的谱点表示物面有纵向栅缝。

(4) 光点的强弱则表示物面上该频率成分相对强度的大小。

当 $g(x, y)$ 为空间的周期函数时,其空间频率是不连续的,在图 1 的实验光路中,物为黑白正交光栅,即 $g(x, y)$ 为空间的周期函数,则在透镜的后焦平面(即频谱面)上可观察到一个二维的分立点阵,这就是二维光栅的频谱,也就是物函数的傅里叶变换。

3. 阿贝成像原理

阿贝成像原理认为,整个成像过程可以分成两步:第一步是平行光通过物后产生的衍射光,经透镜后在透镜的后焦平面形成衍射图样,这可理解为光被物体衍射后,在透镜的后焦面(即频谱面)上分解形成各种频率的空间频谱,这是衍射所引起的"分频"作用;第二步是频谱面上的每一点可看作是相干的次光源,这些次光源发出的光在像平面上相干叠加,形成物体的几何像,这可理解为代表各空间频率的次光源的"合成"作用。

成像过程的这两步本质上就是两次傅里叶变换。第一步是将物面光场的振幅分布 $g(x, y)$ 变换为频谱面上的空间频率分布 $G(f_x, f_y)$;第二步是将频谱面上的空间频率分布 $G(f_x, f_y)$ 再次还原为像平面上的空间振幅分布 $g'(x', y')$。

4. 光学空间滤波

成像过程的这两次傅里叶变换如果是完全理想的,即信息没有任何损失,则像和物应该完全相似,仅可能被放大或缩小。但一般来说,像和物不可能完全相似,这是由于透镜的孔径是有限的,总有一部分衍射角较大的高频成分不能通过透镜而丢失,所以像的信息总是少于物的信息。这也正是显微镜分辨率受到透镜孔径限制的原因,因为部分高频信息受到透镜孔径的限制而不能到达像平面,则无论显微镜有多大的放大倍数,也不可能在像平面上显示出这些高频信息所反映的细节。

如果人为地在频谱面上设置一些模板,选择性地只让某些空间频率成分通过,而挡住某些空间频率成分,这样将明显地改变像函数,这就是空间滤波。光学信息处理的实质就是设法在频谱面上滤去无用信息分量而保留有用信息分量,从而在像平面上提取所需要的图像信息。频谱面上的这种模板就称为空间滤波器。

常用的简单空间滤波方法有:

1) 低通滤波

目的是滤去高频成分而保留低频成分。由于在频谱面上低频成分主要集中在光轴附近,高频成分则落在远离光轴的地方,所以低通滤波器就是一个圆孔。经低通滤波后图像的精细结构将消失。

2) 高通滤波

目的是滤去低频成分而保留高频成分,高通滤波器的形状是一个圆屏。经高通滤波后图像特征正好与低通滤波相反,使物的细节及边缘清晰。若将高通滤波器的挡光圆屏缩小,仅滤去零频成分,则可除去图像中的背景,提高像质。

3) 方向滤波

简单的方向滤波器是一个狭缝光阑。如果将狭缝沿横向放置,只让横向的物面信息通过,则在像面上将突出物的纵向线条。若让狭缝沿纵向放置,只让纵向的物面信息通过,则在像面上将突出物的横向线条。

各种空间滤波器的形状如图 2 所示。

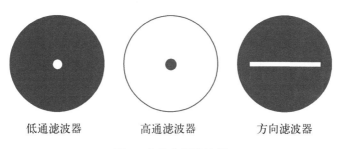

低通滤波器　　　　高通滤波器　　　　方向滤波器

图 2　各种空间滤波器

二、实验装置

He-Ne 激光器,扩束镜,准直镜,网格物,傅里叶变换透镜,孔屏,白屏,屏架,可调单狭缝及各种空间滤波器等。

三、实验内容和步骤

1. 调整光路(见图 3)

(1) 调节激光器支架使激光器出射激光束与光具座导轨平行,进行后面各元件的共轴调节时要以与导轨平行的激光束为基准。

(2) 平行光的调节。扩束准直系统的作用是把一束细的激光束变为一束具有较大截面的平行光束。在调整好的激光器后依次放置扩束镜 L_1 和准直镜 L_2,其中扩束镜 L_1 是焦距很短的凸透镜,其作用是将激光束聚为一点再发散为球面波,准直镜 L_2 则把这束发散波变为平面波。当 L_1 和 L_2 的焦点重合时,经准直镜 L_2 后出射的是平行光。

2. 阿贝成像原理

(1) 如图 3 所示,在准直镜 L_2 后依次放置正交光栅和单色傅里叶透镜 L_3,在 L_3 的后面放置白屏,前后移动白屏找到频谱面的位置。然后改变光栅和 L_3 之间的距离,观察频谱有无变化,再将正交光栅放在傅里叶透镜 L_3 的前焦平面上,仔细观察正交光栅的频谱分布和像平面上的正交光栅像。

(2) 将正交光栅换为一维光栅,仔细观察一维光栅的频谱分布和像平面上的一维光栅像。

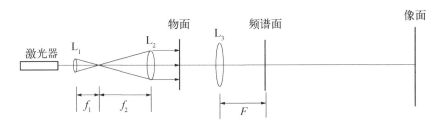

图 3　实验光路图

（3）再将一维光栅换为网格物,仔细观察网格物的频谱分布和像平面上的网格物的像,并与正交光栅的频谱分布和光栅像进行对比,解释为什么会出现网格物和正交光栅的频谱分布的差别。

3. 光学空间滤波

（1）低通滤波。在物面上放置网格物,频谱面上放置低通滤波器,观察像平面上网格像的特征并解释。

（2）高通滤波。在物面上放置网格物,频谱面上放置高通滤波器,观察像平面上网格像的特征并解释。

（3）方向滤波。在物面上放置网格物,频谱面上放置方向滤波器,使狭缝分别沿水平和竖直方向,观察像平面上网格像的特征并解释。

（4）在网格物前紧贴放置一透明字,则在像面上出现带网格的字样。试设计方案,要求在像平面上只看到字而看不到网格像,并解释其设计原理。

四、实验注意事项

（1）各光学器件应防潮,平时应保存在干燥瓶中。

（2）在实验过程中,不要用手接触光学镜面。

（3）激光为强光,在未经任何衰减处理前应避免用眼睛直视。

实验十六

微波电子顺磁共振

一、实验课题意义及要求

电子顺磁共振（Electron Paramagnetic Resonance, EPR）又称电子自旋共振（Electron Spin Resonance, ESR）。电子自旋的概念是 Pauli 于 1924 年首先提出的。

微波电子顺磁共振是指处于恒定磁场中的电子自旋磁矩在微波电磁场作用下发生的一种磁能级间的共振跃迁现象。这种共振跃迁现象只能发生在原子的固有磁矩不为零的顺磁材料中，EPR 已成功地被应用于顺磁物质的研究。目前它在物理、化学、生物和医学等各方面都获得了极其广泛的应用，例如发现过渡族元素的离子、研究半导体中的杂质和缺陷、离子晶体的结构、金属和半导体中电子交换的速度以及导电电子的性质等。

本实验利用微波磁场观察顺磁共振现象，测量实验样品 DPPH 中电子的 g 因子与共振线宽。

二、参考文献

[1] 褚圣麟. 原子物理学[M]. 北京：高等教育出版社，1979.

[2] 张天喆，董有尔. 近代物理实验[M]. 北京：科学出版社，2004.

[3] 郑振维，龙罗明，周春生，等. 近代物理实验[M]. 长沙：国防科技大学出版社，1989.

[4] 裴祖文. 电子自旋共振波谱[M]. 北京：科学出版社. 1980.

[5] 林木欣. 近代物理实验教程[M]. 北京：科学出版社，1999.

[6] 周孝安,赵咸凯,谭锡安,等. 近代物理实验教程[M]. 武汉：武汉大学出版社,1998.

[7] 吴思诚,王祖铨. 近代物理实验(第二版)[M]. 北京：北京大学出版社,1995.

[8] 何元金,马兴坤. 近代物理实验[M]. 北京：清华大学出版社,2003.

[9] 邬鸿彦,朱明刚. 近代物理实验[M]. 北京：科学出版社,1998.

[10] 刘列,杨建坤,卓尚攸,等. 近代物理实验[M]. 长沙：国防科技大学出版社,2000.

三、提供仪器及材料

微波顺磁共振实验系统,示波器。

四、开题报告及预习

1. 什么叫电子顺磁共振?

2. 微波顺磁共振实验系统主要由哪些部分构成?

3. 波长(频率)计的测量原理是怎样的?

4. 魔 T 有何作用?

5. 实验样品 DPPH 的结构是怎样的?

6. 如何观察电子自旋共振现象并测量实验样品的 g 因子?

7. 实验中不加扫场能否观察到共振信号? 为什么?

8. 外磁场 B_0、交变场 B_1 和扫场的作用分别是什么?

9. 能否用固定 B_0 而改变 ν 的方法来测量 g 因子?

10. 如果在射频段做电子顺磁共振实验,为什么必须消除地磁场的影响? 如何消除?

五、实验课题内容及指标

1. 了解电子自旋共振现象。

2. 学习用微波频段检测电子自旋共振信号的方法。

3. 按要求进行实验测量。

4. 计算实验样品 DPPH 中电子的朗德因子。

六、实验结题报告及论文

1. 介绍实验目的。

2. 介绍实验的基本原理和实验方法。

3. 介绍观察电子自旋共振现象并测量实验样品中电子 g 因子的实验步骤。

4. 对实验数据进行处理和计算，要求算出 DPPH 中电子的朗德 g 因子。

5. 报告通过本实验所得收获并提出自己的意见。

实 验 指 导

一、实验原理

1. 原子的磁矩

由原子物理学可知，对于原子中电子的轨道运动，与它相应的轨道磁矩 $\vec{\mu}_l$ 为

$$\vec{\mu}_l = -\frac{e}{2m_e}\vec{P}_l \tag{1}$$

同时，电子还存在着自旋运动，其相应的自旋磁矩 $\vec{\mu}_s$ 为

$$\vec{\mu}_s = -\frac{e}{m_e}\vec{P}_s \tag{2}$$

式中，e, m_e 分别为电子的电荷量和质量，$\vec{P}_l, \vec{P}_s$ 分别为电子轨道运动角动量和自旋运动角动量，其取值分别为 $P_l = \sqrt{l(l+1)}$ 和 $P_s = \sqrt{s(s+1)}$。负号表示磁矩方向与角动量方向相反。

由于原子核的磁矩很小，可以略去不计。原子中电子的轨道磁矩和自旋磁矩合成原子的总磁矩。总磁矩 $\vec{\mu}_j$ 与总角动量 $\vec{P}_j$ 之间的关系为

$$\vec{\mu}_j = -g\frac{e}{2m_e}\vec{P}_j \tag{3}$$

对于多电子原子,在 LS 耦合中

$$g = 1 + \frac{j(j+1) - l(l+1) + s(s+1)}{2j(j+1)} \tag{4}$$

式中,g 称为朗德因子。由式(4)可知,对于纯自旋运动 $(l = 0, j = s)$,则 $g = 2$;对于纯轨道运动$(s = 0, j = l)$,则 $g = 1$。若轨道和自旋磁矩均有贡献,则 g 值应该在 $1 \sim 2$ 之间。引入回旋比 γ,则式(3)可记为

$$\vec{\mu}_j = \gamma\vec{P}_j \tag{5}$$

其中

$$\gamma = -g\frac{e}{2m_e} \tag{6}$$

2. 电子顺磁共振

在外磁场中,角动量 $\vec{P}_j$ 和磁矩 $\vec{\mu}_j$ 的空间取向是量子化的,它们在外磁场方向的投影 P_z 和 μ_z 只能取如下数值

$$P_z = m\hbar \tag{7}$$

$$\mu_z = \gamma m\hbar \tag{8}$$

式中,m 为磁量子数,$m = j, j-1, \cdots, -j$,共$(2j+1)$个不同的取值。将式(6)代入式(8)可得

$$\mu_z = -mg\frac{e\hbar}{2m_e} = -mg\mu_B \tag{9}$$

式中,$\mu_B = e\hbar/2m_e$ 为玻尔磁子。

磁矩 $\vec{\mu}_j$ 在外磁场 $\vec{B}_0$ 的作用下,其磁能为

$$E = -\vec{\mu}_j \cdot \vec{B}_0 = -\mu_j B_0\cos\theta = -\mu_z B_0 \tag{10}$$

式中,θ 为 $\vec{\mu}_j$ 与 $\vec{B}_0$ 之间的夹角,μ_z 为 μ_j 沿 $\vec{B}_0$ 方向的分量。将式(9)代入式

(10)可得

$$E = -m\gamma\hbar B_0 = mg\mu_B B_0 \tag{11}$$

式中的磁量子数 m 可以取 $(2j+1)$ 个不同的值,因此磁能 E 也可取 $(2j+1)$ 个不连续的值,即不同磁量子数 m 所对应的状态上的电子具有不同的能量,而且各磁能级分裂间距相等,两相邻磁能级之间的能量差为

$$\Delta E = g\mu_B B_0 = \gamma\hbar B_0 \tag{12}$$

当自旋体系与晶格处于热平衡状态时,电子在能级上的分布是按玻尔兹曼规律分布的,即

$$\frac{N_2}{N_1} = e^{-\Delta E/KT} \tag{13}$$

式中,N_1 和 N_2 为两能级上的电子数。

当垂直于磁场 $\vec{B_0}$ 的平面上存在一个交变磁场 $\vec{B_1}$,并且频率 ν 满足

$$h\nu = \Delta E = g\mu_B B_0 \tag{14}$$

时,自旋体系就吸收交变磁场的能量,电子从低能级被激发到高能级产生磁偶级共振跃迁。这种共振跃迁现象只能发生在原子的固有磁矩不为零的顺磁材料中,称为电子顺磁共振。

许多原子都具有固有磁矩,能观察到顺磁共振现象。在分子和固体中,原子受外部电荷的作用使电子轨道平面发生进动,其 l 平均值为零。因此,分子和固体中的磁矩主要是电子自旋磁矩的贡献。根据泡利原理,一个电子轨道最多只能容纳两个自旋相反的电子。如果所有的电子轨道都被电子成对地填满了,它们的自旋磁矩将会相互抵消,从而使分子或固体没有固有磁矩,我们通常所见的化合物大多属于这种情况。因而电子自旋共振只能研究具有未成对电子的特殊化合物,如化学上的自由基、过渡金属离子、稀土离子及它们的化合物、固体中的杂质和缺陷等。

实际的顺磁性物质,由于四周晶体场的影响、电子自旋运动与轨道运动

的耦合,以及电子自旋与核磁矩之间的相互作用,从而使朗德 g 因子的数值在大范围内变化,使电子自旋共振图谱比较复杂。

二、实验装置

微波顺磁共振实验系统是用微波信号使谐振腔中的实验样品产生共振现象。可用传输式谐振腔(称为通过法),也可用反射式谐振腔(称为反射法),本实验采用反射式谐振腔观察电子顺磁共振,实验系统框图如图 1 所示。

现将实验系统各部分的作用分述如下:

1)电磁铁

它由恒磁线圈和调制线圈组成。恒磁线圈用来产生恒定磁场,以使实验样品发生能级分裂;调制线圈提供 50 Hz 的变化磁场,称为扫场。

2)微波系统

微波信号源:本实验采用 3 cm 固态微波源,它具有寿命长、输出频率较稳定等优点。通过调节固态微波源谐振腔中心位置的调谐螺钉,可使谐振腔固有频率发生变化。

隔离器:它是一个单向传输器件,正向传输的功率可以顺利通过,而反向传输的功率则大部分被吸收,从而防止了负载阻抗改变时对信号源的影响。一般隔离器上都用箭头标出了正向传输方向。

可变衰减器:它能吸收部分微波能量而使传输的微波功率得到衰减,因此它能根据需要调节微波功率。

波长(频率)计:我们用的是"吸收式"谐振频率计,它包含一个装有调谐柱塞的圆柱形空腔,空腔通过隙孔耦合到一段直波导上。当波长计的腔体失谐时,腔里的电磁场极为微弱,此时它不吸收微波功率,也基本上不影响波导中波的传输,系统终端信号检测器上指示的为一恒定大小的信号输出。测量频率时,调节频率计上的调谐机构,将腔体调至谐振,此时腔体吸收部分微波功率使到达系统终端信号检测器上的微波功率明显减少。因此,只要读取系统终端输出为最小值时调谐机构上的读数,就能查表得到所测量的微波频率。

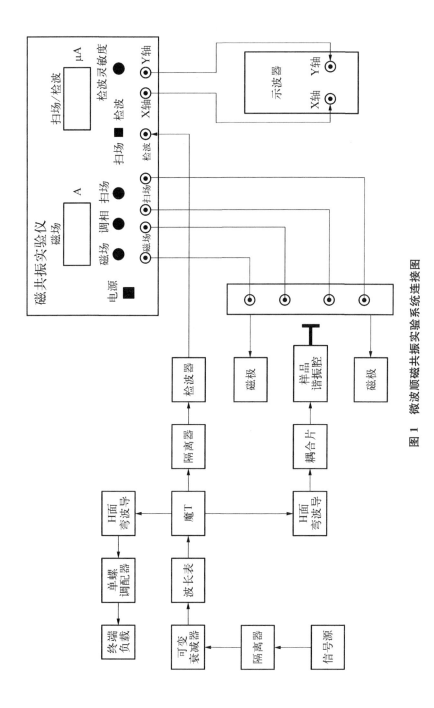

图 1　微波顺磁共振实验系统连接图

魔 T：它的作用是分离信号，并使微波系统组成微波桥路，结构如图 2 所示。微波信号经隔离器、衰减器进入魔 T 的 H 臂，在 2,3 臂理想匹配的情况下，信号将同相等幅分给 2,3 臂，而 E 臂无信号输出。2 臂接单螺调配器和终端负载，3 臂接可调的反射式矩形样品谐振腔，E 臂接隔离器和晶体检波器。2,3 臂的反射信号只能等分给 E,H 臂，当 2 臂匹配时，E 臂上微波功率仅取自于 2 臂的反射。

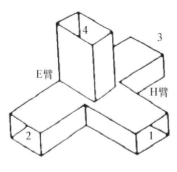

图 2　魔 T 结构

单螺调配器：单螺调配器是在波导宽边上开窄槽，槽中插入一个深度和位置都可以调节的金属探针，当改变探针穿伸到波导内的深度及位置时，可以改变此臂反射波的振幅和相位，对信号起调节平衡的作用。

晶体检波器：可以检测微波振幅的变化，并将其转化为直流电压的变化。改变晶体检波器上终端活塞的位置及调配螺钉的插入深度，可以改变其输出幅度。

可调矩形样品谐振腔：通过输入端的耦合片，可使微波能量进入微波谐振腔，矩形谐振腔的末端是可移动的活塞，用来改变谐振腔的长度。为了保证样品总是处于微波磁场的最强处，在谐振腔的宽边正中开了一条窄缝，通过机械传动装置可使实验样品处于谐振腔中的任何位置，并可从贴在窄边上的刻度直接读取。

磁共振实验仪的"X 轴"输出为示波器提供同步信号，调节"调相"旋钮可使正弦波的负半周扫描的共振吸收峰与正半周的共振吸收峰重合。当用示波器观察时，X 轴为磁共振实验仪输出的 50 Hz 的正弦波扫描信号，Y 轴为晶体检波器输出的检波信号。

三、实验内容和步骤

本实验所用的顺磁物质为 DPPH（二苯基-苦基肼基），其分子式为 $(C_6H_5)_2N\!-\!\dot{N}C_6H_2(NO_2)_3$，结构式如图 3 所示。它的一个氮原子上有一个未成对的电子，构成有机自由基，它的 g 值与自由电子的 g 值非常接近。

1) 观察电子自旋共振现象,并测量实验样品的 g 因子

(1) 按图 1 所示连接系统,将可变衰减器顺时针旋至最大,开启系统中各仪器的电源,预热 20 min。

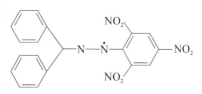

图 3 DPPH 的结构式

(2) 将磁共振实验仪的旋钮和按钮作如下设置:

"磁场"和"扫场"旋钮逆时针调到最小,按下"扫场/检波"按钮,此时磁共振实验仪处于检波状态。

(3) 将样品位置刻度尺置于 90 mm 处,样品置于磁场正中央。

(4) 将单螺调配器的探针逆时针旋至"0"刻度。

(5) 信号源工作于等幅工作状态,调节可变衰减器及"检波灵敏度"旋钮使磁共振实验仪的调谐电表指示占满度的 2/3 以上。

(6) 用波长(频率)计测定微波信号的频率,使振荡频率在 9 370 MHz 左右。如相差较大,应调节微波信号源的振荡频率,使其接近 9 370 MHz 的振荡频率,振荡功率尽量大一些。测定完频率后,将波长计旋离谐振点。

(7) 为使样品谐振腔对微波信号谐振,调节样品谐振腔的可调终端活塞,使调谐电表指示最小,此时,样品谐振腔中的驻波分布如图 4 所示。

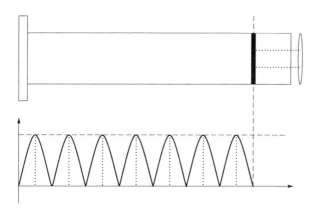

图 4 谐振腔中的驻波分布图

(8) 为了提高系统的灵敏度,可以减小可变衰减器的衰减量,使调谐电表最小值尽可能提高。然后,调节魔 T 两支臂中所接的样品谐振腔上的活

塞和单螺调配器,使调谐电表尽量向小的方向变化。若磁共振仪电表指示太小,可调节检波灵敏度旋钮,使调谐电表的指示增大。

(9) 按"扫场/检波"按钮,"扫场/检波"按钮弹起,此时调谐电表指示为扫场电流的相对指示,调节"扫场"旋钮使电表指示在满度的一半左右。

(10) 由小到大调节恒磁场电流,当电流达到 1.7～2.1 A 之间时,示波器上即可出现如图 5 所示的电子顺磁共振信号。

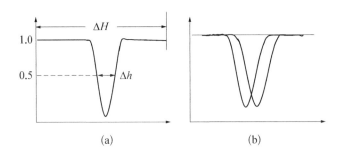

(a)　　　　　　　　　(b)

图 5　共振波形

(11) 若共振波形峰值较小,或示波器图形显示欠佳,可采用下列 3 种方式调整: ① 将可变衰减器逆时针旋转,减小衰减量,增大微波功率; ② 调节"扫场"旋钮,增大扫场电流的大小; ③ 提高示波器的灵敏度。

(12) 若共振波形左右不对称,调节单螺调配器的深度及左右位置,或改变样品在磁场中的位置,通过微调样品谐振腔可使共振波形成为图 5(a)所示的波形。若出现图 5(b)的双峰波形,可调节"调相"旋钮即可使双峰波形重合。

(13) 仔细调节恒磁场电流,使共振信号出现于示波器水平扫描线的正中位置,读取此时的电流值。根据磁共振实验仪输出电流与磁场强度大小的关系曲线,确定共振时的磁场强度大小。

2) 测量微波的波导波长 λ_g(选做)

可通过移动实验样品位置的方法得到腔体的波导波长 λ_g。

(1) 调节短路活塞位置使谐振腔长度在 134 mm 左右,将实验样品放在中间位置,经过调节,从示波器上观察到电子顺磁共振吸收信号。

(2) 保持短路活塞位置不动,将实验样品位置移动一段距离 S,电子顺磁共振吸收信号再次出现，则距离 S 即为 $\lambda_g/2$。

四、实验数据处理

将磁场强度 B_0 的数值及微波频率 f 的数值代入磁共振条件就可以求得实验样品的朗德因子 g 值。

实验十七

四探针法测半导体
薄膜面电阻

一、实验课题意义及要求

随着微电子技术的加速发展,由于许多器件的重要参数和半导体材料电阻率或薄层面电阻有关,半导体产品不仅需要完善的设计和稳定的工艺制备能力,还需要可靠的测试手段,对器件性能作出准确无误的判断,这在研制初期更为重要。电阻率的测量方法很多,如电位探针法、霍尔效应法、击穿电压探针法、扩展电阻探针法。四探针法是属于电位探针法的一种。其主要优点在于设备简单、操作方便、精确度高、对样品的几何尺寸无严格要求。因此四探针测试已成为半导体生产工艺中应用最为广泛的工艺监控手段之一。

实验目的:掌握四探针法测量电阻率的基本原理,了解测量薄层面电阻的基本理论。根据具体实验需求设计相关实验步骤以及连接线路,了解各种情况下电阻率的修正,对不同材料、结构半导体样品电阻率及薄膜半导体样品的面电阻做精确测量。

二、参考文献

[1] 陈治明,王建农.半导体器件的材料物理学基础[M].北京:科学出版社,1999.

[2] 刘新福,孙以材,刘东升.四探针技术测量薄层电阻的原理及应用[J].半导体技术,2004,(29)7:48-52.

[3] 宿昌厚,鲁效明.双电测组合四探针法测试半导体电阻率测准条件

[J].计量技术,2004(3)：7‒9.

　　[4]　徐远志,晏敏,黎福海.数字化智能四探针测试仪的研制[J].半导体技术,2004,(29)8：47‒52.

三、提供仪器及材料

　　数字式直流稳压电源,直流数显电位差计,万用电表,各类连接线,探针,变阻器,游标卡尺,半导体薄膜样品。

四、开题报告及预习

　　1. 为什么不能直接用万用电表测量半导体电阻率?

　　2. 四探针测量法的基本原理。

　　3. 什么是方块电阻?

　　4. 推导排列不同的探针测试薄层样品时的计算公式。

　　5. 考虑如何测量能使测量结果不需要进一步修正。

　　6. 测量时需要注意的一些问题。

五、实验课题内容及指标

　　1. 熟悉掌握四探针法测量电阻率的基本工作原理。

　　2. 熟悉测量仪器,设计测量电路。

　　3. 设计实验步骤(需要考虑双电测)。

　　4. 用不同排列的探针对样品进行测试。

　　5. 计算测量结果,并对需要修正的结果进行修正。

六、实验结题报告及论文

　　1. 介绍实验目的。

　　2. 介绍实验的基本原理和实验方法。

　　3. 介绍实验所用的仪器装置及其测量方法。

　　4. 对实验数据进行处理和计算,要求绘出四探针排列的方式并给出相应的针距。计算各类排列的探针测量结果并作相应的修正。

5. 报告通过本实验所得收获并提出自己的意见。

实 验 指 导

一、实验原理

电阻率是半导体材料最重要的电特性之一。电阻率值的大小是设计器件参数以及器件制造过程中选择材料、控制工艺条件的重要依据。而由于半导体电阻率的可变性,可以按照一定规律使同一半导体片的不同部分具有不同导电类型和不同大小的电阻率,从而做成各类相关器件。因此器件性能很大程度上取决于对电阻率的恰当控制。

对半导体电阻率的测量不像测量金属导体电阻率那样简单,主要因为:

(1) 由于受金属以及半导体功函数的影响,在金属与半导体接触的界面会产生一个类似 PN 结的耗尽层,而且由于金属电子密度高,耗尽层展宽在半导体一边。耗尽层中只有不能自由运动的电离杂质,不能参与导电,因而是一个高阻层。同时任何两种材料的小面积接触都会在接触处产生扩展电阻,对于金属—半导体点接触,这个扩展电阻会很大。因此当采用欧姆表来测量半导体时,这个巨大的扩展电阻会使结果面目全非。虽然功函数不同的两种金属制品在接触时也要因接触电势差而在界面上出现一个空间电荷层,但该层很薄,通常只有一个原子层厚,远小于电子的扩散长度,因此对载流子没有阻挡作用。同时金属与金属之间的小面积接触扩展电阻也很小,因此利用欧姆表对金属导体的电阻率测量是精确的。

(2) 由非平衡载流子的电注入效应,在测量时,由电极注入的少数载流子会在外电场作用下向另一电极漂移,参与导电。在注入电极附件的某一范围内,载流子密度高于其热平衡密度,因此测量结果不能反映材料电阻率的真正大小。对于热平衡载流子密度较低的高阻材料,其接触电阻更大,少子注入的影响也更加严重。

1. 四探针法基本原理

用欧姆表直接测量半导体电阻率的失败,根本原因在于测试电流的输入和电压的测量共用一对探针。若使两者分开,用一对探针专门测量某两点之间的电位差,并且不让测试电流通过这两根探针,上述困难就可以完全克服。

四探针法基于上述方法,根据电动力学中的电流场理论,可以对多种形状的半导体样品进行简便、迅速而精确度较高的电阻率测试方法。其基本实验装置如图 1 所示。四根金属探针相互保持一定距离,同被测半导体样品表面接触,恒流源通过两外侧探针 1,4 向半导体样品输入稳定电流 I,在样品中产生稳定电流场,然后利用两根内探针 2,3 测量该电流场中某两点之间的电位差 U,根据电流场理论可推导出各种形状样品中电阻率 ρ 与 I,U 之间的函数关系。

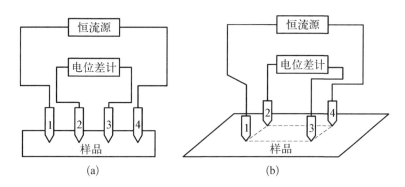

图 1　四探针法示意图

1) 半无限大样品

在半无限大样品上的点电流源,若样品的电阻率 ρ 均匀,引入点电流源的探针,其电流强度为 I,则所产生的电力线具有球面的对称性,即等位面为一系列以点电流为中心的半球面,如图 2 所示。在以 r 为半径的半球面上,电流密度的分布是均匀的。

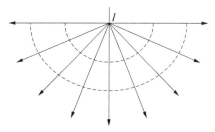

图 2　半无穷大样品点电流源的半球等位面

$$j = \frac{I}{2\pi r^2} \tag{1}$$

若 E 为 r 处的电场强度,则

$$E = j\rho = \frac{I\rho}{2\pi r^2} \tag{2}$$

由电场强度和电位梯度以及球面对称关系,则

$$E = -\frac{\mathrm{d}\psi}{\mathrm{d}r} \tag{3}$$

$$\mathrm{d}\psi = -E\mathrm{d}r = -\frac{I\rho}{2\pi r^2}\mathrm{d}r \tag{4}$$

取 r 为无穷远处的电位为零,则

$$\int_0^{\psi(r)} \mathrm{d}\psi = \int_\infty^r -E\mathrm{d}r = \frac{-I\rho}{2\pi}\int_\infty^r \frac{\mathrm{d}r}{r^2} \tag{5}$$

则 $$\psi(r) = \frac{\rho I}{2\pi r} \tag{6}$$

式(6)就是半无穷大均匀样品上离开点电流源距离为 r 的点的电位与探针流过的电流和样品电阻率的关系式,它代表了一个点电流源对距离 r 处点的电势的贡献。

如图 3(a)所示,若 4 根探针位于样品中央,电流从探针 1 流入,从探针 4 流出,则可将探针 1 和 4 认为是点电流源,由式(6)可知,探针 2 和 3 的电位为

$$\psi_2 = \frac{I}{2\pi}\rho\left(\frac{1}{S_1} - \frac{1}{S_2}\right) \qquad \psi_3 = \frac{I}{2\pi}\rho\left(\frac{1}{S_3} - \frac{1}{S_4}\right)$$

探针 2 和 3 的电位差为

$$U = \psi_2 - \psi_3 = \frac{I}{2\pi}\rho\left(\frac{1}{S_1} - \frac{1}{S_2} - \frac{1}{S_3} + \frac{1}{S_4}\right) \tag{7}$$

由此可得出样品的电阻率为

$$\rho = 2\pi\frac{U}{I}\left(\frac{1}{S_1} - \frac{1}{S_2} - \frac{1}{S_3} + \frac{1}{S_4}\right)^{-1} \tag{8}$$

式(8)就是利用直流四探针法测量电阻率的普遍公式。我们只需测出流过探针 1,4 的电流 I 以及探针 2,3 间的电位差 U,代入 4 根探针的间距,就可以求出该样品的电阻率 ρ。

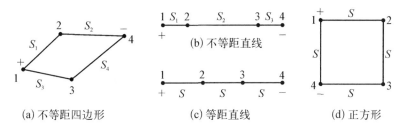

(a) 不等距四边形　　　　(c) 等距直线　　　　(d) 正方形

图3　几种常见的探针布置方法

对于图 3(b)所示全部触电在同一直线但不等距的情形,点 2 与 3 之间的电位差表达式变为

$$U = \frac{I}{2\pi}\rho\Big(\frac{1}{S_1} - \frac{1}{S_1 + S_2} - \frac{1}{S_2 + S_3} + \frac{1}{S_3}\Big) \tag{9}$$

其电阻率表达式为

$$\rho = 2\pi\frac{U}{I}\Big(\frac{1}{S_1} - \frac{1}{S_1 + S_2} - \frac{1}{S_2 + S_3} + \frac{1}{S_3}\Big)^{-1} \tag{10}$$

当上式中接触点等距时,如图 3(c)所示,被测材料的电阻表达式简化为

$$\rho = 2\pi\frac{U}{I}S \tag{11}$$

对于边长为 S 的正方形探针排列,如图 3(d)所示,则

$$\rho = 2\pi\frac{U}{I}\frac{S}{2 - \sqrt{2}} \tag{12}$$

显然,等距直线排列对于测量与计算都最方便,所以常用的四探针测试技术都把探针按图 3(c)等距直线排列,而其他的方式则用来估计针尖位移而造成的误差。

2) "无限大"薄层样品

对于现代半导体工业,许多半导体器件是由厚度在微米级甚至更薄的半导体薄层组成,因此这一类的半导体薄层的电阻率测量显得尤为重要。对于面积无限大、厚度 x_j 极小且电阻率均匀的理想薄层,由于上下表面这两个绝缘边界十分靠近,因此探针触点在薄层内的点电流源电流场不再是一个半球形,其电流线除了在触点处下面极小区域外,其他地方的电流线都与边界平行,如图 4 所示。其相应的等位面是一些厚度为薄膜厚度 x_j 的同心薄圆柱面。设某等位面与触点源的距离为 r,该等位面的面积即为 $2\pi r x_j$。由于电流 I 均匀通过该等位面,因而其上的电流密度为

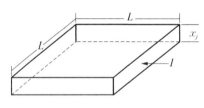

图 4　电流通过厚度为 x_j 的半导体方块

$$j = \frac{I}{2\pi r x_j} \tag{13}$$

由公式(3)以及欧姆定律,得到

$$\frac{\mathrm{d}\psi}{\mathrm{d}r} = -\frac{I\rho}{2\pi r x_j} \tag{14}$$

解方程可得

$$\psi(r) = -\frac{I\rho}{2\pi x_j}\ln r \tag{15}$$

对于图 3(c)所示的直线等距探针排列,探针 2 与 3 的电位分别为

$$\psi_2 = \frac{I\rho}{2\pi x_j}(-\ln s + \ln 2s) = \frac{I\rho}{2\pi x_j}\ln 2$$

$$\psi_3 = -\frac{I\rho}{2\pi x_j}\ln 2 \tag{16}$$

于是,探针 2,3 之间的电位差为

$$U = \frac{I\rho}{2\pi x_j}\ln 4 = I\frac{\rho}{x_j} \cdot \frac{\ln 2}{\pi} \tag{17}$$

因而薄层的电阻率可表示为

$$\rho = \frac{U}{I} x_j \frac{\pi}{\ln 2} = 4.532\,4\,\frac{U}{I} x_j \tag{18}$$

对于式(17)中 ρ/x_j 的物理意义。可参考图 4 所示,在厚度为 x_j 的半导体薄层中,取边长为 L 的一个正方块,当电流沿垂直于纵断面的方向均匀通过该方块时,其电阻的大小定义为

$$\rho_s = \rho \frac{L}{L x_j} = \frac{\rho}{x_j} \tag{19}$$

式中,ρ 是薄层的材料电阻率,而 ρ_s 的大小与所取方块的边长或面积的大小无关。在半导体工艺中,常用 ρ_s 作为薄层的一个特征参数,叫做薄层电阻(或方块电阻,面电阻),记为 $R_\square$,单位为 $\Omega/\square$。

当探针等距直线排列时,可将薄层电阻表示为

$$\rho_s = 4.532\,4\,\frac{U}{I} \tag{20}$$

若探针按照其他方式排列,可根据各探针位置自行计算。

在实际测量过程中,前面所讨论的两种无限大的边界是不存在的。但在实际工作情况下,适当大的样品既可以视为符合这两种解的要求。因此需要了解多大的样品尺寸才适合这两种解,尺寸不合适的样品该如何修正。

2. 几种简单的测量规则

对于第一类情况,半无限大样品的修正:

(1) 对靠近边缘的测量,在测量中探针在任何方向上都与最近边界的距离超过针距的 3 倍,不需要修正。

(2) 对半导体薄片的测量,若薄片厚度与探针间距之比(w/s)大于 5 时,可以不考虑修正。

(3) 对圆棒测试,当被测圆棒的半径与针距之比大于 20 时,可以不考虑修正。

对于第二类情况,无限大薄层的修正:

（1）关于薄层的厚度,厚度在 1/2 探针间距以下的薄层可以按无限薄的薄层处理。

（2）对圆形薄层的修正,对于针距 1 mm 的四探针系统,测量直径 30 mm 以上的圆形薄层可以完全不考虑边界的影响。

（3）对矩形薄层的修正,若以长短边之比为参变量,短边固定后,长边加长测量误差减小,正方形样品比其内接圆样品的测量误差小。

另外,四探针还有其他的排列形式,如"δ"四探针,"上-下"四探针,范德堡四探针等,在本实验中不一一列举,大家感兴趣可以查阅相关文献做更深层次的了解。

用四探针法测量半导体电阻率一般应注意的问题:

（1）探针与被测样品处仍存在接触电阻。为避免此电阻对电位测量的影响,应选用高内阻数字电压表或电位差计测量探针 2,3 之间的电位差。电位差计的阻抗要适中,太高测量不灵敏,太低容易在接触上产生足以影响精确度的压降。通常阻抗不小于被测样品电阻率值的 $10^5 \sim 10^6$ 倍为宜。

（2）探针尖的处理:要求针尖非常锐利,曲率半径必须在 $50\ \mu m$ 以下。

（3）探针位置须固定,并有一定的刚性。探针与被测样品之间需要一定的压力。

（4）测量过程中,避免探针向被测样品注入少数载流子。在可能的情况下,采取对被测表面做磨粗处理,提高表面复合率降低少子寿命。选择适当较宽的针距,对避免少子的影响也是有益的。

（5）选取适当大小的测试电流。电流过大会使测试区域温度升高,而且直接影响到注入少子的浓度。

（6）光电导效应和光伏效应会严重影响测试结果,特别是对于近本征材料。

（7）为了减少金属探针与半导体表面接触的整流效应以及触点的非对称性导电和不相等接触电阻等因素的影响,每一次测量都需用正反向电流各测一次,以两个测试值的平均作为测试结果。

（8）测试时需要避免高频发生器,以免测量回路中可能产生感应电流。

（9）注意对测试结果进行温度修正。

（10）对单晶材料测试一般采用直流测量电路，对多晶材料为了避免晶粒间界的影响，一般采用交流测量电路。